空中卫士——航空武器

田战省 主编

西北工业大学出版社

西安

图书在版编目（CIP）数据

空中卫士：航空武器 / 田战省主编. — 西安：西
北工业大学出版社，2018.12

（国防科技知识大百科）

ISBN 978−7−5612−6397−6

Ⅰ. ①空… Ⅱ. ①田… Ⅲ. ①航空武器−青少年读物
Ⅳ. ①TJ−49

中国版本图书馆 CIP 数据核字（2018）第 265042 号

KONGZHONG WEISHI — HANGKONG WUQI

空中卫士——航空武器

责任编辑：张珊珊		**策划编辑**：李 杰	
责任校对：刘宇龙		**装帧设计**：李亚兵	

出版发行 西北工业大学出版社

通信地址 西安市友谊西路 127 号　　邮编：710072

电　话 (029) 88491757，88493844

网　址 www.nwpup.com

印 刷 者 陕西金和印务有限公司

开　本 787 mm × 1 092 mm　　　1/16

印　张 10

字　数 257 千字

版　次 2018 年 12 月第 1 版　　2018 年 12 月第 1 次印刷

定　价 58.00 元

　　国防，是一个国家为了捍卫国家主权、领土完整所采取的一切防御措施。它不仅是国家安全的保障，而且是国家独立自主的前提和繁荣发展的重要条件。现代国防是以科学和技术为主的综合实力的竞争，国防科技实力和发展水平已成为一个国家综合国力的核心组成部分，是国民经济发展和科技进步的重要推动力量。

　　新中国成立以来，我国的国防科技事业从弱到强、从落后到先进、从简单仿制到自主研发，建立起了门类齐全、综合配套的科研实验生产体系，取得了许多重大的科技进步成果。强大的国防科技和军事实力不仅奠定了我国在国际上的地位，而且成为中华民族铸就辉煌的时代标志。

　　"少年强，则国强。"作为中国国防事业的后备力量，青少年了解一些关于国防科技的知识是相当有必要的。为此，我们编写了这套《国防科技知识大百科》系列丛书，内容涵盖轻武器、陆战武器、航空武器、航天武器、舰船武器、核能与核武器等多个方面，旨在让青少年读者不忘前辈探索的艰辛，学习和运用先进的国防军事知识，在更高的起点上为祖国国防事业做出更大的贡献。

Foreword 前言

　　好奇激发想象，想象给了人类发明创造的源源动力。很早以前，人类就对飞行充满好奇和幻想，幻想着自己也能像鸟儿一样在天空飞翔。为此，人类做了很多次艰辛的尝试。从东方到西方的神话故事和历史事件中，都有关于人类对飞天愿望的寄托和对飞行尝试的记载。虽然探索飞行的过程无比艰辛，但是人类从未放弃，并为此执着了上千年。

　　20世纪初，莱特兄弟发明了飞机，终于圆了人类的飞天梦想。当莱特兄弟的载人飞机在天空飞翔的那一刻，全世界人民为之欢呼雀跃，激动不已，航空业从此逐渐兴起。本书主要讲述人类对航空的探索历程、航空知识、航空武器以及航空应用和未来，力求全方位地呈现出一个丰富多彩的航空世界。

　　书中设置不同的栏目和版块，将百科、问答和阅读的形式相结合，知识点清晰明确，图文搭配协调自然，能让读者在轻松的阅读中获得丰富的航空知识。愿更多的青少年读者能够喜欢航空科学，投身航空事业，让我们祖国的航空事业更加辉煌！

Contents

▼目录

航空应用和未来

航空简史 >>>

　　自古以来，人类一直梦想飞天，一批批执着于此的爱好者开始了漫长而艰辛的探索。他们研究鸟儿如何飞行，研究大气飞行环境，制作风筝，发明热气球……直到20世纪初，终于诞生了一架真正的飞机。此后，航空业飞速发展，飞机被逐步应用到交通、军事、旅游等领域，而飞机的种类也越来越多。这些巨大变化的背后有着一条艰难的探索之路，出色而又勇于探索的飞机发明者们用不屈的精神谱写了一曲航空史上的赞歌。

飞天之梦

对于飞天的渴望,世界上有很多关于飞行的神奇故事和动人传说。这些故事和传说所展现的关于飞行的想法或许显得幼稚,但却寄托了人们对于飞行深深的渴望和期待。

对飞行的渴望

古人向往飞行,认为长了翅膀的东西就能飞行。人要是想飞,就应该学鸟的样子,也长出两个翅膀来。古代欧洲有身生双翅的飞人石雕;埃及神话中,也有类似的图像;在古亚述神话和希腊神话中还可看到会飞的牛和马。我国东汉武氏石室的石刻图画中,有长着两翼和四翼会飞的人;神魔小说《封神榜》中的雷震子长着一对奇异的肉翅,能够飞到任何地方;而《西游记》中的灵魂人物孙悟空虽然没有长翅膀,却有着腾云驾雾的本领,还是与飞翔有关。

阿波罗的太阳战车

太阳战车是欧洲神话中最著名的飞行器之一。在希腊神话中,阿波罗驾着一辆散发金色光芒的太阳战车。这辆车全部用黄金打造,由数匹周身散发金光的马驾着,每天早上飞向天空,傍晚回来。谁能驾驶这辆车谁就可以在天空自由翱翔。

▲ 阿波罗驾驶的太阳战车

孔明灯相传是三国时的诸葛孔明发明的。孔明灯之所以"会飞"是因为燃料燃烧使周围空气温度升高,密度减小,从而排出孔明灯中原有空气,使自身重力变小,空气对它的浮力把它托了起来。

★ 现代飞机的祖先

风筝发明于中国,是一种重于空气的飞行器,至今已有近 2 000 年的历史。它是利用空气动力升空的原始飞行器,飞行原理和现代飞机相似。传说风筝的发明人是刘邦的大将韩信,最初是为了军事需要而发明的。自汉朝以后直到唐朝,风筝还是军用品,此后才逐渐转为游戏和娱乐所用。约 14 世纪,风筝传入欧洲,对飞机的发明产生了重要影响,可以说风筝是现代飞机的祖先。

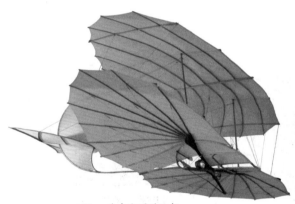

▲ 达·芬奇发明的飞机

★ 达·芬奇的飞行梦想

意大利画家达·芬奇是第一个对飞行进行科学研究的人。他不仅在艺术上取得了无与伦比的成就,而且在科学研究、发明创造上同样取得了辉煌成就。1490 年,达·芬奇发明了"空气螺旋桨"。他在粗陋的螺旋桨状物体上扎上羽毛,做成一个能飞的小直升机模型,虽然没有实现飞行,但在当时已经是非常先进了。

★ 竹蜻蜓的启示

人类从蜻蜓的飞翔中受到启示。公元前 500 年,我国古人制成了会飞的竹蜻蜓,此后竹蜻蜓一直是孩子们手中的玩具。18 世纪,竹蜻蜓传到欧洲,英国人乔治·凯利仿制和改造了"竹蜻蜓",由此悟出螺旋桨的一些工作原理,推动了飞机研制的进程,并为西方的设计师带来了研制直升机的灵感。乔治·凯利也因此被誉为"航空之父"。

▶ 竹蜻蜓给飞机发明者带来新的启示

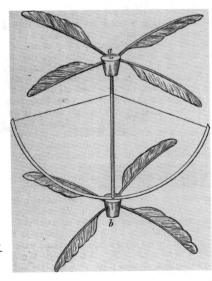

热气球升空

气球在生活中很常见，是孩子们的玩具，也可以做装饰品，但是在古代，气球却是用来传递信号的工具。当专家、学者和航空爱好者们忙于寻找解决扑翼飞行的办法时，1783 年，法国的两兄弟却用一个相当简单的装置——"气球"，解决了人类征服天空的难题，揭开了气球时代的序幕。

★★ 首次升空 ▶▶

18 世纪，法国的蒙特哥菲尔兄弟偶然发现放置在炉火附近的纸箱似乎要向上浮起。通过这个现象，两兄弟产生一个大胆的设想：造一个大而轻的容器，里面装填上热空气，让它飘起来。1783 年，两兄弟为国王和巴黎市民进行了热气球升空表演。他们用一个直径 12 米、高 17 米的热气球做试验，气球下面吊了一个笼子，里面装着鸡、鸭、羊"三位乘客"。这只热气球用 8 分钟飞行了 3 千米后安全降落。

▲ 蒙特哥菲尔兄弟的热气球试验

★★ 载人飞行成功 ▶▶

1783 年，蒙特哥菲尔兄弟又做了一次热气球载人飞行表演。这次热气球看上去是个椭圆形，直径 15 米，高 22 米。在几万名观众的欢呼声中，化学教授罗齐埃和陆军少校达尔朗德乘上了热气球，徐徐升上了约 300 米的天空，在飞行 25 分钟后，安全降落在蒙马尔特，实现了首次热气球载人飞行。

▲ 热气球飞行前进行点火

起飞前的准备 ≫

热气球起飞前的地面准备工作一点也不轻松。通常至少需要四个人，先是将球囊在地上铺展开，然后将它与吊篮连接在一起。接着用鼓风机向球囊内吹风，使气球膨胀直至完全展开，再开始点火。火点燃后会加热球囊内的空气，热空气使气球升到垂直于吊篮的位置，再加几把大火后，热气球就可以起飞了。

飞行的最佳时间 ≫

热气球的最佳飞行时间，一般在一天中太阳刚刚升起或太阳下山前的一两个小时内。在这两个时间段里，通常情况下风很平静，气流也比较稳定，非常有利于热气球这种轻于空气的航空器飞行。一般大风、大雾天气，都会对热气球飞行产生不利影响。按照规定，风速小于6米/秒，能见度大于1 500米，而且飞行空域内无降水，才可以自由飞行。

★ 聚焦历史 ★

早期的气球主要用在军事上，首先是通信联络和侦察，也曾用于防空和轰炸。1871年，普法战争中巴黎被围，法国人曾用气球将人员和信件送出包围圈。第一次世界大战中，系留气球被广泛用来当作监视对方的空中平台。

氢气球载人升空 ≫

法国物理学家查理研制出了以氢气代替热空气、产生浮力的气球，而且采用了在丝绸上涂橡胶的方法制成的气囊。1783年12月，他的氢气球从巴黎杜伊勒利宫起飞，平安地飞行了43千米，实现了首次氢气球载人飞行。由于氢气球的性能明显比热气球好，因此后来得到了迅速发展。

▲ 法国物理学家查理

▶ 第一个氢气球载人升空

飞艇出现

　　气球使人类实现了升入天空的理想,但是人们看着它在天空只能随风飘飞,无法操纵和控制。于是,新的问题又出现了,能不能发明一种由人来控制航向的飞行器呢? 不久,一种带动力、可以操纵的飞行器出现了,这就是飞艇。飞艇的出现是人类飞行史上迈出的重要一步。20 世纪初,飞艇成为有史以来的第一种空中交通工具。

★★ 可操纵的飞艇试验 ▶▶

　　1784 年,法国人罗伯特兄弟做了一个巨大的鱼形气球:长 15.6 米,最大直径是 9.6 米,气囊容积为 940 立方米,上面装有放气阀门。他们认为,气球在大气中沉浮、飞行和鱼儿在水中游弋的原理是一样的。9 月,大"飞鱼"载着 7 个人升上了天空,他们划着用绸子和木框做的大桨,控制航向,连续飞行 7 个小时。

▲ 现代飞艇

▲ 建造中的飞艇

寻根问底

最早的螺旋桨人力飞艇是谁发明的?

　　1872 年,法国人特·罗姆制成了一艘用螺旋桨代替划桨的人力飞艇。该飞艇长达 36 米,最大直径为 15 米,高达 29 米,可以乘载 8 个人。螺旋桨直径 9 米,几个人轮流转动螺旋桨,使其产生拉力,牵引飞艇前进,速度达每小时 10 千米。

★★ 空中交通工具 ▶▶

　　继罗伯特兄弟之后,人们在飞艇上安装了发动机,使飞艇成为了空中交通工具,在 20 世纪 20—30 年代,飞艇曾盛极一时。虽然在载人飞行的历史上,飞艇没有气球出现得早,又不比飞机占有更多的优势,但它仍然是人类飞行史上浓墨重彩的一笔。

★ 与气球有何不同 ▶▶▶

与气球的圆气囊不同,飞艇的气囊像香肠一样又长又圆。因为有推进和控制飞行状态的装置,所以飞艇能操控方向。飞艇通过气囊提供的浮力进行飞行,气囊里充着轻于空气的氢气或氦气,这样,飞艇的总重量就会小于气囊排开的空气重量,即飞艇所受的重力小于浮力。在空气浮力的作用下,飞艇便可以升入空中,并且可以水平飞行。

★ 高空预警飞艇 ▶▶▶

随着科技的发展,飞艇在很多领域有了新的用武之地。高空预警飞艇就是一类主要在高空执行预警侦察任务的专用飞艇。这种飞艇配有太阳能电池,能够飘浮于高空,执行长时间的预警和侦察任务。它们还可避开暴风雪和狂风,能够长期模仿同步卫星与地面保持相对固定的位置。

★ 飞艇的分类 ▶▶▶

飞艇主要由艇体、动力装置、尾翼和吊舱组成,从结构上可分为三种:硬式飞艇、半硬式飞艇和非硬式飞艇。硬式飞艇是由内部骨架来保持形状和结构稳定的飞艇。半硬式飞艇主要通过气囊内的气体压力来保持其外形,但有刚性龙骨起辅助作用。非硬式飞艇通过外壳内的氦气压力来维持外形,辅之以内部副气囊内的可变体积空气。

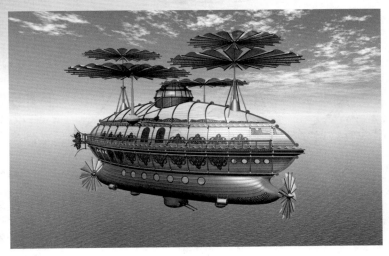

▲ 幻想飞艇

★国防科技知识大百科

仿鸟滑翔

　　在飞艇发展的鼎盛时期,飞机的倡导者们并不满足仅仅给飞艇装上发动机,他们仍然在寻找飞天的最佳途径。至少他们认为,飞艇没有像鸟一样的外形,还不是人类征服天空的理想交通工具。他们顽强地探索,勇敢地尝试,经过多次挫败,终于迎来了成功的试飞。这是一种没有发动机的飞行器,是完全模仿鸟的载人滑翔机。

★★ 英国人的探索 ▶▶▶

　　英国乔治·凯利爵士发明了第一架滑翔机。1804年,他建造了一个长约15米的极小型滑翔机。它的十字形水平安定面由活动连接部件与机身相固定,通过移动沙袋来调整重心。5年后,他又造了一架稍大一些的滑翔机。此后一直研究了40年,到1849年,他把佣人的10岁儿子放在自己牵引的一架全尺寸滑翔机里进行了试验。几年后,他又发明第二架滑翔机,驾驶员是他的马车夫,滑翔机滑翔了十来米后坠毁。

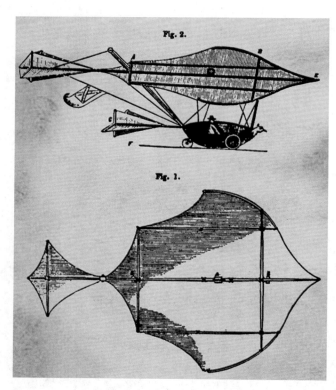

▲ 乔治·凯利发明的滑翔机图形

★★ 凯利爵士的结论 ▶▶▶

　　1809—1810年,凯利爵士的重要著作《空中舻》出版。在该著作中,凯利论述了空气动力原理及其作用和应用,奠定了固定翼和旋翼机的基础。他指出,肌肉力量远不足以用于机械飞行。他的结论是,对于飞行,目前欠缺的唯一部件是内部燃烧的发动机,只要有了它,古老的梦想很有可能成为现实。

寻根问底

谁被称为"滑翔机之父"?

　　德国人李林塔尔被尊为"滑翔机之父"。他从小痴迷飞行,青年时就曾做过"飞人"的试验。1894年,李林塔尔在一处悬崖上起飞,成功地滑翔了350米远,这在当时是一个惊人的成绩。1896年,他在一次飞行中遇难,年仅48岁。

★☆ 发动机的困惑 ▷▷▷

19世纪后期，发明飞机的最大问题仍然是动力装置。当时唯一能提供推进能量的方式就是采用蒸汽机，而蒸汽机的重量，包括锅炉和燃料，比飞机本身大得多。虽然如此，人们还是用蒸汽机做了许多勇敢的尝试。像法国的克莱蒙·阿代尔制造出两架蒸汽动力的全尺寸飞机，一架取名"风神"，另一架叫"飞机"，据称后者曾飞离地面几英尺。

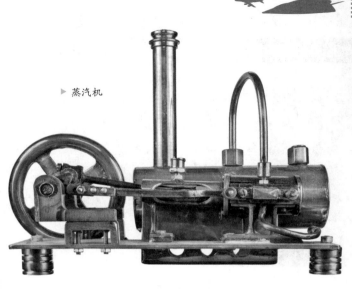

▶ 蒸汽机

▲ 现代滑翔机

★☆ 现代滑翔机的鼻祖 ▷▷▷

临近19世纪结束的时候，终于迎来了又一次飞行史上的重大成功。德国人奥托·李林塔尔成为第一位在重于空气的飞行器上飞行的人。他成功地制造出了一架双翼滑翔机，尽管机身上没有安装发动机。李林塔尔的滑翔机很简陋，必须通过移动身体的重心来进行操纵，但它却是第一架可操纵的飞行器。他总共做过2 000多次成功的悬挂滑翔飞行试验，有几次还完成了180°的转弯。他和弟弟古斯塔夫先后制造了18架外形模仿鸟的载人滑翔机。

★☆ 航空经典著作 ▷▷▷

李林塔尔兄弟对鸟类的研究比前人更为科学。1889年，李林塔尔出版了著名的《鸟类飞行：航空的基础》一书。书中分析了鸟翼的形状和结构，弄清了鸟在飞行中翅膀是怎样挥动的，怎样改变上反角以保持更好的稳定性，怎样改变弯度以获得更大升力，需要多大的升力才能克服已知的重量等。尽管后人证实他的一些理论有错误，但这本书仍然被认为是一部伟大的航空经典著作。

▲ 李林塔尔的滑翔试验

莱特兄弟的发明

李林塔尔可操纵的双翼滑翔机给飞机发明者们提供了新的启示和思路。他们仍然尝试各种试验,结果却不尽人意。但是越挫越勇的发明者们仍然没有放弃,他们不断努力,终于发明出了真正的飞机——"飞行者"1号。它是现代飞机,装有两副螺旋桨和一台发动机,是世界上公认的第一架动力飞机,从而开创了现代航空的新纪元。

★★ 先驱者的试验 ▶▶

自英国乔治·凯利爵士发明了第一架滑翔机后的 1874 年和 1884 年,法国的迪唐普尔和俄国的莫查依斯基相继推出了自己发明的飞机。他们以蒸汽机作为飞机飞行动力的来源,这样的飞机只能做短距离的跳跃飞行,还不能算是真正的飞机。

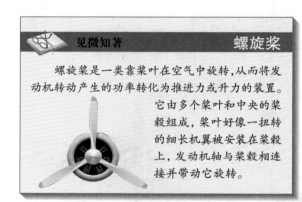

见微知著　　　螺旋桨

螺旋桨是一类靠桨叶在空气中旋转,从而将发动机转动产生的功率转化为推进力或升力的装置。它由多个桨叶和中央的桨毂组成,桨叶好像一扭转的细长机翼被安装在桨毂上,发动机轴与桨毂相连接并带动它旋转。

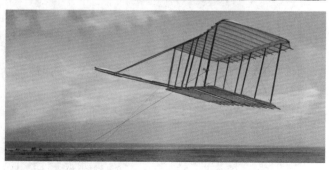

▲ 莱特兄弟 1900 年发明的滑翔机

★★ 莱特兄弟的探索 ▶▶

美国的莱特兄弟从滑翔机开始,深入研究了李林塔尔等人的著作,于1899 年制造出了双翼滑翔机。他们学习飞行经验并在滑翔机上试验控制飞行状态的方法。1901 年,莱特兄弟发明了最早的简易风洞装置,以此来研究机翼形状和气流的关系。要实现动力飞行,动力装置是不可缺少的,但当时没有结构轻、功率大的发动机。他们经过苦心研究,在 1902 年完成了自己设计的汽油内燃机,接着他们又给飞机装上了螺旋桨。

★ ★ ★ "飞行者"1号横空出世 》》

　　从 1902 年开始,莱特兄弟进行了 1 000 多次滑翔试飞,自制了 200 多个不同的机翼,进行了上千次风洞实验,设计出了较大升力的机翼。1903 年,他们终于制造出了世界上第一架依靠自身动力进行载人飞行的飞机——"飞行者"1 号,其翼展 13.2 米,上面有两副两叶推进的螺旋桨,并装有一台重为 70 千克、功率为 8.8 千瓦的四缸发动机。飞行时,驾驶员要俯卧在下层机翼中部进行操作。这架著名的飞机现陈列在美国华盛顿航空航天博物馆内。

▲ "飞行者"1 号

★ ★ ★ 奇迹的诞生 》》

　　1903 年 12 月 17 日,弟弟奥维尔·莱特驾驶着"飞行者"1 号进行了世界上首次动力飞行。这次具有历史意义的飞行持续了 12 秒,飞行距离约 36 米。试飞结果并不理想,飞机才升高 1 米就出了故障。真正的奇迹出现在 3 天后。12 月 20 日,在这个不同寻常的日子里,莱特兄弟一共进行了 4 次飞行。最长的一次,由哥哥威尔伯·莱特驾驶,飞机在空中停留了 59 秒,飞行了 260 米。

★ ★ ★ 获得认可 》》

　　1906 年,莱特兄弟的飞机在美国获得专利认证。然而,莱特兄弟飞行的成功,最初并没有得到美国政府和公众的重视与承认,人们还在一度怀疑。1908 年,法国首先对莱特兄弟的成就予以正面评价,从此掀起了席卷世界的航空热潮。莱特兄弟也因此在 1909 年获得美国国会荣誉奖。同年,他们创办了"莱特飞机公司",后来成为世界著名的飞机制造商。

▼ 莱特飞机

多翼飞机的出现

　　早期的飞行研究有一个误区，人们认为机翼越多，飞机获得的升力就越大，飞机的性能越稳定，因此早期的飞机大多都是双翼或三翼飞机。在现代的飞机中，除了对载重量和低速性能有特殊要求的小型飞机外，这类多翼飞机已经不多见了。尽管这种飞机很古老，但它依然深受飞行迷们的喜爱。在飞行表演中，依然可以看到它的身影。

▲ 早期的双翼飞机

★ 大行其道 ≫

　　早期的飞机，由于材料、发动机以及空气动力学研究等方面的制约，飞机的飞行速度很低。为了获得足够的升力，飞机研究者便在飞机的外形上采取了各种措施，最终发现同等尺寸的双翼机比单翼机大约能多产生20%的升力，因此，在当时追求飞向天空的年代，双翼机甚至三翼机大行其道。

★ 早期的双翼飞机 ≫

　　双翼飞机就是有两对机翼的飞机。早期的双翼飞机虽然容易产生更多的升力，但是因为材质基本都是用木料和蒙布制成的，比较简陋、笨重，所以阻力大，不容易提高升力，飞行高度比较低。另外，由于技术的制约，发动机功率较小，所以飞行速度较慢。但即使这样，双翼飞机的速度也是当时地面交通工具无法比拟的。

曾经流行一时的双翼飞机

★★★ 亨利·法尔芒的改进 ▶▶▶

法国人亨利·法尔芒是第一个驾驶可操纵的实用飞机进行飞行的欧洲人,他在早期的飞行活动中多次创造飞行速度、高度和飞行距离纪录。1907 年,他对首批飞机之一的"瓦赞"式推进螺旋桨双翼飞机做了改进,并驾驶该机创造了多项航空纪录。他设计的首批飞机的特点是双翼结构和推进式螺旋桨。1912 年,他兴办了"法尔芒"飞机制造公司,共设计和制造约 30 种民用和军用飞机。第一次世界大战(以下简称"一战")时,很多机型被协约国各国采用。

▲ 法国飞行员亨利·法尔芒

寻根问底

飞机的机翼有什么作用?

机翼是飞机的重要部件之一,它们最主要的作用是在飞机起飞时产生升力,助飞机起飞。在飞行过程中,机翼也能起到一定的稳定作用。此外,机翼上面可以安装一些利于飞机的装置,如发动机、副翼等,里面还可以设置弹药舱和油箱。

★★★ 三翼飞机 ▶▶▶

双翼飞机出现后,为了获得更大的升力,飞机先驱者发明了三翼飞机。三翼飞机采用了上、中、下三层机翼,这三层机翼仅靠左、右各一根刚性支柱支撑,降低了飞行阻力,在当时有着不可比拟的优越性。然而,新问题就暴露出来了,人们发现因为机翼增加了,飞机自身的重量也增加了,所以获得的升力并不比双翼飞机多。

★★★ 福克 Dr.I 三翼战斗机 ▶▶▶

福克 Dr.Ⅰ三翼战斗机是 20 世纪最著名的三翼飞机,几乎每一位德国空军飞行员在一战时都驾驶过它。一战中,福克 Dr.Ⅰ三翼战斗机在空中表现突出,许多王牌飞行员,如享有"红色男爵"世界头号空战王牌的曼弗雷德·冯·里希特霍芬就曾驾驶过这款战斗机。

▲ 福克 Dr.I 三翼战斗机

★ 国防科技知识大百科

一战中的飞艇

从 20 世纪初期开始,飞艇技术出现了长足的进步,特别是动力方面出现了使用价值更高的汽油发动机。这样一来,大大增加了飞艇的飞行速度和飞行距离。飞艇技术不仅在欧洲传播开来,甚至远渡重洋来到了美国和日本。到一战爆发时,欧美西方国家都有人研究飞艇,其中法国、德国和意大利的飞艇技术最为领先。

法国飞艇

人们最早研究的飞艇是软式飞艇,法国人继承了这个传统。在一战爆发前,他们就研制了若干型号的软式飞艇,使软式飞艇的技术得到了逐步完善。其中最先进的 Astra 型飞艇的容积达到了 1.4 万立方米,每小时能飞行 64 千米。一战爆发后,法国就使用小型软式飞艇执行反潜巡逻任务,和德军进行作战。

▲ 法国飞艇

德国飞艇

与法国相比,德国也拥有很好的软式飞艇技术,但是他们认为,作为运载工具,硬式飞艇有载重大、续航时间长的独特优点,所以他们将精力放在了硬式飞艇的研发上。一战爆发后,德军齐柏林飞艇频繁穿越战线执行轰炸和侦察任务。但是由于飞行高度很低,所以不断被敌方炮火和飞机击落。为此,德军不断提高飞艇气囊容量,达到了惊人的 5.5 万立方米,飞行高度也达到了 6 000 米。

▶ 德国飞艇轰炸华沙

▲ 意大利飞艇

★★★ **意大利飞艇** 》》

　　在法国和德国的刺激下，意大利也开始了自己的飞艇事业。意大利人感兴趣的既不是软式飞艇，也不是硬式飞艇，而是介于两者之间的"半硬式"飞艇。这种飞艇是在软式飞艇的气囊底部沿纵向加装一根龙骨，载荷部分就分布在龙骨上，这样既增强飞艇的强度和刚度，又继承了两者的优点。

★★★ **轰炸伦敦** 》》

　　一战爆发后，德国空军和海军都建立起了自己的齐柏林飞艇舰队，开始执行轰炸英国的任务，以图从空中摧毁英国的工业基地，打击英国的士气。1915 年 1 月，德国飞艇开始轰炸英国本土。齐柏林飞艇从 1 500 米高空袭击了东英格兰。5 月，德国飞艇首次空袭伦敦，炸死 7 人，炸伤 31 人。10 月，德国陆海军又有 11 艘飞艇去轰炸伦敦，但是其中 3 艘毁于风暴。

见微知著　　　**飞艇技术的兴衰**

　　一战结束后，英、法、美等国瓜分了德国的齐柏林硬式飞艇和相关技术，并开始研发更大、更先进的硬式飞艇。到了20 世纪 20 年代末，以英、美、德硬式飞艇为代表的飞艇技术达到了全盛时期。但是不久之后，飞艇接连发生事故，造成上百人遇难。从此，飞艇开始走向衰落。

▲ 齐柏林飞艇

▲ R100 飞艇

★★★ **兴衰和复兴** 》》

　　1924 年，英国政府制定了新的飞艇发展计划，核心工作是制造两艘当时最大的硬式飞艇——R100 和 R101。它们的气囊容量达到了惊人的 145 851 立方米和 141 603 立方米，可搭载数百人，吊舱内甚至还有卧室、餐厅、散步走廊等。之后，各国不断有飞艇失事的事情发生，飞艇从此走向衰落。20 世纪 70 年代，凭借技术积累和条件，飞艇又再度崛起。

★ 国防科技知识大百科

人力飞机

在经历了多次的飞天尝试之后，人们逐渐认识到只有依靠强大的机械动力，才有可能轻松地飞上蓝天。但是，还有一些人固执地相信，依靠人力依旧可以实现飞天之梦，人力飞机就是这种信念下的产物。人力飞机是完全依靠人的体能作为驱动力飞行的飞机，因为动力较弱，所以目前，人力飞机在体育、娱乐方面得到的应用比较广。

★★ 自行车式飞机 ▶▶▶

在飞机诞生不久，就有人开始研制人力飞机，希望人力飞机也能翱翔在天空中。这些人将小型飞机改装成人力飞机，加装自行车传动装置，或者干脆在自行车上装上机翼和尾翼，来实现短距离飞行。1935 年，德国人设计了一架自行车式的人力飞机。在试飞中，虽然这架人力飞机只升到了5 米，在空中停留了 20 秒，但却飞行了 450 多米的距离。

▲ 自行车式飞机

★★ 改进中的人力飞机 ▶▶▶

20 世纪 50 年代以后，轻型材料和结构技术的迅速发展，人力飞机因此进入一个新的发展时期。1961 年，英国安普顿大学研制的"南安普顿"号人力飞机完成了首次飞行，这次飞行取得了 622 米的成绩。"南安普顿"号人力飞机采用大展弦比机翼、轻型材料、自行车加滑翔机的设计，这些设计也为现代人力飞机的发展奠定了基础。之后，英国人又设计出"海鸥"号、"木星"号人力飞机，其中，"木星"号创造了飞行 1 000 米的飞行纪录。

★★ 人力飞机的分类和结构 ▶▶

人力飞机可分为自行车式、常规固定翼飞机、扑翼机和旋翼机四种。一般人力飞机的动力结构接近自行车，都用脚踩方式出力，用链条传输动力。与自行车不同的是，常规固定翼人力飞机不靠车轮推动，而是靠螺旋桨推动飞机前进，因此链条传动系统还要有转向与变速机构。

▲ 飞行的人力飞机

★★ 人力飞机的飞行纪录 ▶▶

1988 年，美国航空航天管理局和麻省理工学院制造出的人力飞机，成功地飞行了 116 千米的距离，创造了世界纪录。因为动力的限制，人力飞机飞行距离非常有限，但这并不影响人们对人力飞机飞行的参与热情，从人力飞机诞生至今，每年都有人试图刷新人力飞机的飞行纪录，但人力飞机的飞行纪录还始终保持在 1988 年的飞行距离上。

▲ 博物馆保存的人力飞机

★★ 飞越英吉利海峡 ▶▶

美国自行车运动员布莱恩·艾伦是第一个驾驶人力飞机飞越英吉利海峡的人。1979 年 6 月 12 日，26 岁的布莱恩·艾伦驾驶一架人力飞机"飘忽信天翁"号，从英国南部小镇福克斯通起飞，于 2 小时 49 分钟后降落在法国格里内角的海滩上。"飘忽信天翁"号人力飞机有一对细长的机翼，没有尾翼，翼展长 30 米左右，飞机没有发动机，只有一套用塑料链条传动的脚踏机构，带动机翼后面的塑料螺旋桨来产生飞行动力。

寻根问底

飞机的尾翼有什么作用？

飞机除了有两个长长的机翼，尾部还有两个尾翼，它们是操纵飞机俯仰和偏转并专门负责飞机平稳飞行的重要部件。尾翼有垂直尾翼和水平尾翼两种。它不仅操纵飞机正确地偏转和升降，还可以平衡飞机的重心及机翼的升力。

★ 国防科技知识大百科

飞越大西洋

人类天生不安分。在地球的摇篮里，人们向往着外太空的世界；在地球的一边，会对另一边的世界产生好奇和遐想。飞机的发明缩短了大陆之间的距离，从欧洲到美洲，中间相隔 9 000 万平方千米的大西洋，如果能够开辟这段航线，将会大大缩短两洲之间穿行的时间，功不可没！因此，飞越大西洋成为 20 世纪初期飞行员们的最大梦想。

★ 首次挑战大西洋 ▶▶

一战前夕，出现了飞机导航仪以及高度、速度指示器，同时飞机的机械性能、飞行速度等都有了改观，一些飞行家开始了飞渡大西洋的尝试。首次向大西洋挑战的是英国飞行家哈里·霍克和麦克肯西·吉里夫，1919 年，他们从大西洋西岸起飞向东岸飞去，但是飞机出现故障，坠落在海上，挑战没有成功。

寻根问底

第一位飞越大西洋的女飞行员是谁？

美国著名飞行员阿梅莉亚·埃尔哈特是第一位独自飞越大西洋的女飞行员。1931 年，她单独驾驶飞机不着陆成功飞越了大西洋。1937 年，当她尝试全球首次环球飞行时，在飞越太平洋期间神秘失踪，下落至今还是一个谜。

★ 首次成功飞越大西洋 ▶▶

真正首次成功飞越大西洋的是英国人约翰·阿尔科克和亚瑟·布朗。1919 年，他们驾驶一架"维米"号飞机，从北美洲的纽芬兰起飞，飞向大洋彼岸的爱尔兰。这是一次险象环生的飞行，起飞时还是万里晴空，可很快下起了大雨。中途发动机又失灵，进入复杂的暴风雪区域……一个昼夜，他们历经重重险阻，最终飞抵目的地，完成了首次飞越大西洋的壮举。

◀ "维米"号飞机

▲ 美国飞行员查尔斯·林白

★★设想与尝试

查尔斯·林白是一名非常出色的美国空军飞行员。1927年，他参加了一场从纽约到巴黎的首次不着陆飞越大西洋比赛，这次飞行使他产生了独自飞越大西洋的设想。他四处寻找资助，瑞安航空公司老板为他制造了一架性能良好的单引擎飞机——"圣路易斯精神"号。在飞越大西洋之前，他单独驾驶飞机做了从圣地亚哥直飞圣路易斯而后又直飞纽约的尝试。

★★不着陆飞越大西洋

1927年5月20日这一天，25岁的林白驾驶着他的"圣路易斯精神"号，从纽约市起飞后，向巴黎飞去，开始了他飞越大西洋的计划。这次飞行里程超过3 600千米，中途不着陆，在经过33.5个小时艰苦卓绝的飞行之后，林白终于成功地飞越了大西洋，成为首个完成单人不着陆跨大西洋飞行的人，在人类飞行史上留下了自己的大名。

★★飞越过程险象环生

林白驾机飞越大西洋历尽了千辛万苦。据说，他的飞机上没有刹车系统和无线电，没有降落伞。但是由于携带的汽油过重，"圣路易斯精神"号起飞时像一只喝醉的海鸟，差点擦上跑道终端的树梢。飞行途中，林白穿越了黎明和黑暗，经历了大雾和冻雨天气。为了不在路上睡着，他甚至把手伸到飞机舷窗外，让冷风促使自己清醒。他甚至因为天气的突变被迫采用超低空飞行而险些失去性命。

▲ "圣路易斯精神"号

直升机

直升机是人类最早的飞行设想之一,多年来人们一直认为最早提出这一想法的是达·芬奇。但是,现在人们都知道,中国人比中世纪的欧洲人更早做出了直升机玩具,这就是竹蜻蜓。《大英百科全书》记载,这种称为"中国陀螺"的"直升机玩具"在15世纪中叶,也就是在达·芬奇绘制带螺丝旋翼的直升机设计图之前,就已经传入了欧洲。

★★★ 与竹蜻蜓相似 》》

现代直升机没有机翼,它使用旋转翼来代替机翼,要比竹蜻蜓复杂千万倍,但其飞行原理却与竹蜻蜓有相似之处。旋转翼旋转时会产生向上的升力,旋转得越快升力就越大,旋转翼的速度放慢,直升机就会徐徐下降。直升机的旋转翼就好像竹蜻蜓的叶片,旋转翼轴就像竹蜻蜓的那根细竹棍儿,带动旋翼的发动机就好像我们用力搓竹棍儿的双手。当升力大于它本身的重量时,竹蜻蜓就会腾空而起。直升机旋翼产生升力的道理与竹蜻蜓是相同的。

▲ 竹蜻蜓

★★★ 直升机概念的鼻祖 》》

意大利人达·芬奇在1483年提出了直升机的设想并绘制了草图。19世纪末,在意大利的米兰图书馆发现了达·芬奇在1475年画的一张关于直升机的想象图。人们一度认为,这是最早的直升机设计蓝图。尽管现代科学家认为,达·芬奇设计的"直升机"可能永远不会起飞,但作为达·芬奇最著名的发明之一,直到今天,人们还是将达·芬奇视为双旋翼直升机概念的鼻祖。

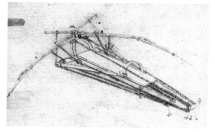

▲ 达·芬奇绘制的直升机示意图

★ 不同于飞机 ▶▶

　　直升机在本质上是不同于飞机的另一种飞行器,其推力、升力和操纵的实现与飞机差距较大。直升机可以直接起飞和降落,不需要跑道和机场,还可以在空中停留,起飞和降落非常自由。这些特点使它在很多其他飞机难以应用的场合大显身手。直升机的用途广泛,一般用在紧急情况下的特殊援助,还用于交通管理、观光旅游、新闻采集、治安巡逻等。直升机也有缺点,比如速度比较慢、飞行距离短等。

▲ 直升机

寻根问底

直升机靠什么起飞?

　　直升机的旋翼高速旋转,在周围的空气相互作用中,产生了向上的升力,这就是直升机起飞的动力。升力主要是靠桨叶旋转产生的,即使在半空中直升机的发动机停止运转,飞行员仍旧可以通过特殊的装置使桨叶保持转动,防止机体快速下降。

★ 飞行的自行车 ▶▶

　　1907 年 8 月,法国人保罗·科尔尼研发出了第一架全尺寸载人直升机。同年 11 月 13 日,他在法国卡尔瓦多斯省进行了试飞,获得成功。这架名为"飞行自行车"的直升机不仅靠自身动力离开地面0.3 米,完成了垂直升空,而且还连续飞行了 20 秒,实现了自由飞行,被称为"人类第一架直升机"。

▲ "飞行自行车"直升机

★ VS300 直升机 ▶▶

　　1939 年,美国人伊戈尔·西科斯基设计制作的 VS300 直升机被认为是第一架真正意义上的直升机。这是一架单旋翼带尾桨式直升机,装有三片桨叶的旋翼、两片桨叶的尾桨,这种设计后来成为现在最常见的直升机构型。VS300 直升机是历史上第一种非常成功的直升机,它初步具备了直升机的所有必需构件,能够进行持续飞行。

▲ VS300 直升机

洛克希德·马丁公司

洛克希德·马丁公司是美国一家主要的航空航天公司,前身是洛克希德公司,创建于1912年,迄今已有百余年历史。1995年,洛克希德和马丁·玛丽埃塔公司合并为洛克希德·马丁公司。美国国防部以及一些外国军方都是它的客户,其研发的著名产品有F-22"猛禽"战斗机、"哈勃"太空望远镜等。目前,公司总部位于马里兰州蒙哥马利县的贝塞斯达。

▲ 洛克希德兄弟创立洛克希德·马丁公司

★★★ 洛克希德兄弟创立公司 ▶▶▶

1912年,阿伦·洛克希德和马尔科姆·洛克希德兄弟在加利福尼亚州圣塔巴巴拉市创建了一家水上飞机公司,后该公司更名为洛克希德飞行器制造公司。1926年原洛克希德公司倒闭,阿伦·洛克希德在加州好莱坞市重新开办了洛克希德飞行器公司,1929年该公司被卖给了底特律飞行器公司。

★★★ 格罗斯兄弟入主公司 ▶▶▶

20世纪30年代初期的美国经济大萧条期间,底特律飞行器公司倒闭。罗伯特·格罗斯和科特兰·格罗斯兄弟收购了部分原洛克希德公司,1934年罗伯特·格罗斯成为新公司主席并把公司改名为洛克希德公司。30年代,洛克希德公司研发了L-10伊莱克特拉型双发动机运动机,后来该机还成为第二次世界大战(以下简称"二战")期间著名的"哈得逊"轰炸机的原型机。

▼ L-10

★★ 二战期间的贡献

二战爆发初期，洛克希德公司成功研发了 P-38 闪电型战斗机。这是一款双发动机加上双尾椼机身结构的高速拦截机，主要用于对地攻击、轰炸机护航以及夺取空中优势等，最有名的就是完成击落山本五十六所乘飞机的任务。该公司还与跨世界航空公司共同开发了 L-049 星座型客机，该飞机可运载 43 名乘客以大约 480 千米/时的速度从纽约飞到伦敦，但直到战争结束后它才开始在民航营运。整个二战期间，洛克希德公司共生产了近 2 万架飞机，其数量约占战争期间美国飞机制造总量的 6%。

见微知著

臭鼬工作室

臭鼬工作室是人们对洛克希德公司高级开发部的戏称。臭鼬工作室始建于 1943 年，隐藏在美国加利福尼亚州伯班克洛的一片草原上，以研制隐形飞机和侦察机闻名于世。大名鼎鼎的 F-117 隐形战斗机、U-2 侦察机以及 SR-71 "黑鸟"高空战略侦察机都出自这里。

▲ P-38 闪电型战斗机

★★ 不败的地位

纵观全球市场，洛克希德·马丁公司正处在一个不败的地位。它不仅可出产更多 F-16 飞机，而且手中已掌握的美国和英国近 2 600 架 F-35 飞机的订货承诺，使这种低成本、多用途战斗机有着光明的未来，并有着丰厚的利润回报，整体上甚至会赶超 F-16 家族。依靠其在海军武器平台、太空情报侦察方面的技术优势，该公司被认为是全球为数不多的几家能够在全球范围内满足不同客户需求的系统整合厂商。

▼ F-35 飞机

★国防科技知识大百科

波音公司

波音公司是全球航空航天业的领袖公司,也是世界上最大的民用和军用飞机制造商,与空中客车航空公司同为世界航空业的两大巨头。作为美国国家航空航天局的主要服务提供商,波音公司还运营着航天飞机和国际空间站。其总部设在美国芝加哥,在美国境内及全球70个国家共有员工160 000多名。

★航空业巨头

波音公司在旋翼飞机、电子和防御系统、导弹、卫星、发射装置以及信息与通信系统领域,占据着设计和制造技术上的诸多优势。波音公司还提供众多军用和民用航线支持服务,其客户分布在全球90多个国家。仅就销售额而言,波音公司是美国最大的出口商之一,为美国经济创造了巨大财富。

★聚焦历史★

1997年,波音公司对外宣布,原波音公司与原麦克唐纳·道格拉斯公司(简称麦道公司)完成合并,新的波音公司正式营运。麦道公司曾是美国最大的军用飞机生产商,著名的F4"鬼怪"、C17"全球霸王3"军用运输机就产自该公司。

▲ 波音公司创始人威廉·爱德华·波音

★波音公司的创建

波音公司成立于1916年,由威廉·爱德华·波音创建,1917年改名波音公司,1929年又更名为联合飞机及空运公司。1934年按政府法规要求,波音公司拆分成三个独立的公司:联合飞机公司(现为联合技术公司)、波音飞机公司、联合航空公司。1961年,原波音飞机公司改名为波音公司。

★★★ 著名的波音军用飞机 ▶▶

　　20世纪，波音公司生产了很多著名的军用飞机。波音公司建立初期以生产军用飞机为主，20世纪30年代中期，开始研制大型轰炸机，主要机型包括二战期间著名的绰号为"空中堡垒"的B17、B29轰炸机，冷战时期的B47，绰号为"同温层堡垒"的B52战略轰炸机。另外，绰号"望楼"的E3预警机和极其著名的KC135空中加油机也是波音公司研制生产的。

B17 轰炸机

波音 747

★★★ 民用飞机主要制造商 ▶▶

　　20世纪60年代以后，波音公司的主要业务由军用飞机转向商用飞机。1957年，波音公司在KC135空中加油机的基础上，研制成功波音707，这是其首架喷气式民用客机。此后波音公司在喷气式商用飞机的研发上发展迅猛，先后研制出波音727、波音737、波音747、波音757、波音767等系列型号飞机。

▲ KC135 空中加油机

★★★ 波音公司现状 ▶▶

　　经过近一个世纪的发展，波音公司已经成为世界航空航天领域规模最大的公司。其主要由四个业务集团组成，它们分别是：生产民用运输机的波音民用飞机集团，生产军用飞机、导弹和运载火箭等产品的波音综合国防系统集团，提供资产融资和租赁服务等融资活动的波音金融公司，为飞机提供空中双向互联网及电视服务的波音连接公司。

★ 国防科技知识大百科

喷气式飞机

喷气式发动机发明以后,喷气式飞机也随之诞生。喷气式飞机是一种使用喷气式发动机作为推进力来源的飞机。它是依靠燃料燃烧时产生的气体向后高速喷射的反冲作用力向前飞行的,这样飞机可以获得更大的推力,飞得更快。特别是在空气稀薄的高空,喷气式发动机更有着螺旋桨发动机无法比拟的优势。

★★ 应运而生 》》

随着航空业的不断发展,世界上许多飞机设计师都在探索使飞机飞得更快的办法。他们在实践中发现,活塞式飞机已接近时速 750 千米,升限 12 000 米的极限。要使飞机飞得更快更高,必须更换发动机,喷气式发动机的发明为此提供了条件,于是,喷气式飞机应运而生。世界上最早提出喷气推进理论的是法国的马克尼上尉和罗马尼亚的亨利·康达。

▲ 英国空军教官弗兰克·惠特尔

★★ 惠特尔的涡轮喷气发动机 》》

20 世纪 20 年代,时任英国空军教官的弗兰克·惠特尔提出了喷气发动机的设想,并于 1930 年申请了专利,但当时的飞机制造商们对此不感兴趣。直到 1935 年事情才有了转机,惠特尔得到一些空军人士的支持和银行家的资助,得以成立“动力喷气有限公司”。1935 年,惠特尔终于制造出第一台涡轮喷气发动机。但却直到 1941 年 5 月,英国的第一架喷气式飞机才在一片喧闹声中首次起飞。

寻根问底

为什么喷气式飞机烧煤油而不烧汽油?

喷气式飞机之所以要采用航空煤油做燃料,是因为这种煤油十分安全,沸腾温度高、不易蒸发,而且它的润滑性比汽油要好得多。而使用汽油则会产生许多油蒸气,阻塞油路,造成“气塞”,使发动机不能正常运转,从而造成事故。

▶ 惠特尔的涡轮喷气发动机

★ 第一架喷气式飞机 ▶▶

几乎与惠特尔同时，德国的冯·奥亨和奥海因也在研制涡轮喷气发动机，并在1937年使发动机第一次运转成功。1939年8月27日，由于得到亨克尔飞机公司的支持，冯·奥亨研制的He-178飞机先于英国首次试飞成功，成为世界上第一架喷气式飞机。喷气式飞机一诞生，就接二连三地打破了活塞式飞机创造的飞行速度纪录，人类航空史从此进入了喷气机时代。到今天，世界上绝大部分作战飞机和干线民航客机都已实现了喷气化。

◀ He-178 飞机

★ 最早的喷气战斗机 ▶▶

早期喷气发动机耗费燃料特别多，因此并没有得到当时军事大国的大力支持。最早投入批量生产并装备部队的喷气式战斗机，是英国的"流星"式战斗机和德国的"梅塞施密特"Me-262型战斗机。Me-262型战斗机被认为是二战中最好的喷气战斗机。1942年7月18日，Me-262首次试飞，时速达850千米，这比当时所有活塞式战斗机要快得多。现代战斗机的主要类型就是喷气式战斗机。

▲ Me-262 型战斗机

喷气式飞机

现代飞机

　　错综复杂的空中航线把世界各国连接起来,为人们提供了既方便又迅速的客运服务。对于现代人来说,或许你早上还在西安兵马俑,下午已经精神焕发地出现在北京故宫。人类航空事业的发展,使地球变成了一个村落,将不同种族和不同肤色的人们紧密联系在一起,通过不断的交流,共同推进社会的发展。

▲ 双翼机

★ 现代飞机的分类

　　飞机根据用途,可分为民用飞机和军用飞机;按机翼数目,可分为单翼机、双翼机和多翼机;按推进装置的类型,可分为螺旋桨飞机和喷气式飞机;按起落装置的形式,可分为陆上飞机、水上飞机和水陆两用飞机;按飞行速度,可分为亚声速飞机、超声速飞机和高超声速飞机。

★ 结构及其功用

　　大多数飞机由五个主要部分组成:机翼、机身、尾翼、起落装置和动力装置。机翼可以为飞机提供升力,支持飞机在空中飞行;机身用来装载乘员、旅客、武器、货物和各种设备;尾翼用来操纵飞机俯仰和偏转,以及保证飞机能平稳地飞行;起落装置又称起落架,用来支撑飞机并使它能在地面和其他水平面起落和停放;动力装置用来产生拉力或推力,使飞机前进。

机翼

尾翼

机身

动力装置

起落装置

▲ 现代飞机的结构

★★★ 民航客机 ▷▷

1949 年,第一架喷气式民航客机——英国的"彗星"号首次飞行。喷气式发动机的诞生,为人们追求更快、更高的飞行目标提供了可靠的动力。从此,人类航空史进入了喷气机时代。现今世界上绝大部分民航客机都已实现了喷气化。大型喷气式客机的时速为 900 千米左右。

▲ "彗星"号民航客机

★★★ 喷气式技术的应用 ▷▷

随着喷气式发动机的问世和相关技术的发展,军用和民用飞机也走上了一个新台阶。新技术为现代战斗机带来脱胎换骨式的改变,不仅飞行速度更快,攻击能力更强,而且具备了一定的对雷达隐身能力。而航空工程师们则尝试在民用客机上使用喷气式发动机,以提高民用客机的飞行性能。

见微知著　　**货运飞机**

简称货机,通常专指用于商业飞行的民用货运飞机。货机在必要时可以恢复成旅客机或客货混用机,通常称为可转换飞机。军用运输机也是货机,但它与民用货机有明显的不同之处。民用货机与航线客机相似,它只能在指定的机场起飞和降落。

★★★ 应用于战争 ▷▷

人类发明飞机的最初愿望是飞上蓝天,体会像鸟儿一样的自由飞翔。但是,飞机发明不久之后就被用于战争。在现代战争中,现代飞机不仅在侦察、轰炸,而且在预警、反潜、扫雷等方面也极为出色。在 20 世纪 90 年代初爆发的海湾战争中,飞机的巨大威力有目共睹。

执行任务中的飞机

大 飞 机

大飞机是民航使用最广泛的主力机型，一般指的是起飞总重量超过100吨的运输类飞机，包括军用大型运输机和民用大型运输机，也包括一次航程达到3 000千米的军用或乘坐达到100座以上的民用客机。这主要由各国的航空工业技术水平决定。例如，我国把150座以上的客机称"大型客机"，而国际航运体系则习惯把300座以上的客机称为"大型客机"。

★★★ 典型代表 ▷▷▷

大飞机的典型代表有空中客车公司的300、330、350、380和波音公司的747、777、787等。波音747-400一经问世，就长期占据世界最大的远程民航客机的头把交椅。

▷ 波音767

空中客车公司

空中客车公司于20世纪90年代早期开始实施超大型客机的研发计划，2000年12月，欧洲航天国防集团与英国航天集团作为空客集团的主要持股者，共同宣布投资88亿欧元研发空客A380。空客A380于2001年初正式定型，第一架空客A380出厂时的开发成本高达110亿欧元。

▲ A380 客机

★ "运-10"运输客机 ►►

  "运-10"运输客机是中国于1970年开始设计制造的一架大型喷气式客机。1980年9月首飞上天。"运-10"飞行最远航程8 600千米，最大时速930千米，最大起飞重量110吨，最高飞行升限超过11 000米。最值得称道的是，该机还在被称为"空中禁区""死亡航线"的西藏，连续7次试飞，均获得成功。

▲"运-10"模型

C-919 客机

寻根问底

客机有什么特点？

  客机是专门用来运送旅客的飞机，被广泛用于国内、国际航线。一般客机翼展达45~60米，机身长53~70米，乘坐舒适安全、载客量大、运输效率高，客机上装有性能良好的涡轮风扇发动机，座舱密封舒适，飞行平稳，速度可达900千米/时以上。

★ 首架国产大客机——C-919 ►►

  C-919是中国继"运-10"运输客机后自主设计并且研制的第二种国产大型客机。第一个"9"的寓意是天长地久，"19"代表的是中国首型大型客机最大载客量为190座。C是China的首字母，也是中国商用飞机有限责任公司英文缩写C-OMAC的首字母，同时可能还有立志要跻身国际大型客机市场的寓意。2011年6月底，中国商用飞机有限责任公司的C-919大型客机亮相第49届巴黎航空展览会。2012年11月亮相珠海航天展，获得中外用户达15家。截至2015年1月，订单增至450架。2017年5月5日，国产大型客机C-919首飞成功。

★ 大飞机与国家利益 ►►

  大飞机的研发和国家科技实力、国际地位和国民经济发展有着密切的联系，发展大飞机不但可以带动相关行业的发展，对国家防御能力的提升也有很大意义。未来，大型飞机的研发不仅可以为所在国带来科技上的进步，也会促使相关行业繁荣发展。世界上一些大的国家和地区，几乎都具备自主研发和生产大飞机的能力。

航空知识

　　随着科技的进步与发展,航空技术得到了空前的发展,飞机性能也不断提高。人们对飞机性能及飞行环境等都有了新的认识和研究,并且在技术上取得了重要突破。那么,你知道飞机的外形经历了怎样的变化?制造飞机会用到什么材料?现代飞机用什么发动机?神秘的黑匣子是记录飞行状况的仪器吗?飞机上的通信设备有什么作用?飞机在飞行时如果遇到恶劣天气怎么办……请带上你的疑问,一起去寻找答案吧!

★ 国防科技知识大百科

重要的气流

　　水可以顺着地势，从高往低自由流动。空气也像水一样，因为气压不均匀造成压差，所以空气也会像水一样，从高（高压）往低（低压）流动，从而形成气流。气流对飞机的飞行有着很大的影响，尤其是在低空飞行的时候，一旦飞机进入强对流地区，不仅飞行效率会大大降低，甚至还会有坠毁的危险。

气流的成因 》

　　流动的空气称为气流，气流的最典型形式就是风。气压在水平方向上的分布不均，是形成风的最直接也是最根本的原因。在大气环流、地形、水域等不同因素的综合影响下，产生了形式多样、变化无常的各种风，如按一定季节规律产生的季风，受地形和水域影响的海陆风、山谷风等。

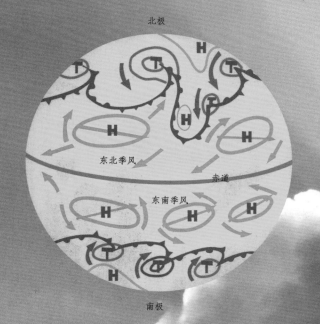

★★ 气流与飞行 》

　　气流是空气的一种运动形式，人们自然看不见它，但是它对飞行的影响却不容忽视。气流就像顽皮的孩子，有时它会兴冲冲忽然冲下去，将正在稳定飞行的飞机推下云端。飞机会因此一下子失去升力而垂直下降，就好像掉下悬崖一样。不过在大多数情况下，这种现象不会对飞机造成致命的影响。

★★ 起飞原理的依据 》

　　伯努利定理是飞机起飞原理的依据，它是指在一个流体系统，比如气流、水流中，流速越快，流体产生的压力就越小。具体说，由伯努利定理可知不可压、理想流体沿流管作定常流动时，流动速度增加，流体的静压将减小；反之，流动速度减小，流体的静压将增加，但是流体的静压和动压之和始终保持不变。

飞行的原理

我们知道，飞行器是靠空气的浮力被托起来飞行的。当气流从机翼上侧流过时，所走的路程比从机翼下侧流过时所走的距离更长，但最后上、下气流又必须在机翼后缘汇合，因此机翼上侧的气流势必较快。流速快的气流会在机翼上产生一个低压区，从而使飞机获得升力。

寻根问底

谁是"流体力学之父"？

丹尼尔·伯努利出生于科学史上著名的数学世家——伯努利家族。他的研究不限于数学领域，其研究涉及多个科学领域，并都有开创之举。1738年，他提出了流体力学基础理论——伯努利定理，因此被誉为"流体力学之父"。

气流变幻莫测

气流变化难以捉摸，是人们在设置飞机航线时首先要考虑的重要因素。飞机需要借助于稳定气流飞行。当这种外力突然消失时，飞机就会暂时失去升力，开始向下坠落。当气流重新变得稳定时，飞机的状态会稳定下来，恢复正常飞行。在这样的区域，飞机一般会产生强烈的震颤。

▲ 飞机降落

禁止进入积雨云

飞机是绝对禁止进入积雨云的，如果航线上有成带状的积雨云，飞机就不能飞行。如果遇到孤立的积雨云云团，飞机就会从远处开始绕行或从上方飞过。在机场上空，飞机起降时遇有积雨云，就会停止起飞或到其他机场降落。

▲ 积雨云

空气的密度

　　人类在长期的科学研究中发现，包裹在地球周围的空气看似无色无味，却有着很多不为人知的秘密。它有着很多重要的特征和属性，比如空气的密度。空气密度的变化，对飞行会产生非常重要的影响。人类之所以能够乘坐热气球飞上天空，就是利用热空气的密度比空气小的原理实现的。

★★★ 浮力定律的应用 ▶▶

　　早在两千多年前的古希腊时代，著名学者阿基米德就发现水的浮力和物体的密度有关，物体的体积越大，浮力就越大，但是物体如果要在水中浮起来，它的密度就要比水小。这个发现适用于空气，一个物体在空气中受到的浮力和它的大小有关系，但是它能不能在空气中浮起来，还要看它本身的密度是不是比空气的密度小。热气球就是利用球囊内空气受热，密度变小的原理"飞"起来的。

▲ 阿基米德洗澡时发现浮力定律

★ 聚焦历史 ★

　　公元前212年，古罗马军队攻陷叙拉古，正在聚精会神研究科学问题的阿基米德，被蛮横的罗马士兵杀死，终年75岁。阿基米德的遗体葬在西西里岛，墓碑上刻着一个圆柱内切球的图形，以纪念他在几何学上的贡献。

▪▪ 空气的主要成分 ▶▶

　　空气是所有生物赖以生存的法宝。很久以前，空气曾被人们认为是简单的物质。后来，人们才渐渐对空气的性质有了一些认识。空气是混合物，成分很复杂，恒定成分是氮气、氧气以及稀有气体，这些成分之所以几乎不变，主要是自然界各种变化相互补偿的结果。空气的可变成分是二氧化碳和水蒸气，空气的不定成分完全因地区而异。另外，空气里还含有极微量的氢气、臭氧、氮的氧化物、甲烷等气体。灰尘则是空气里或多或少的悬浮杂质。

▽ 大自然

空气的密度

空气的密度是指在一个标准大气压下,每立方米空气所具有的质量。对航空飞行来说,空气密度的大小和流动性非常重要。知道了空气的密度,工程师就可以设计出能飞行的飞行器;知道了流动性,就能保证飞行器在空中安全的飞行。

影响因素

空气密度的大小与气温和海拔高度等因素有关。当温度上升,密度就会降低,反之则会增大。当海拔高度上升时,空气的密度也会随之下降。因此飞机在飞行时的每个区域的飞行环境都不一样。一般来说,飞机飞得比热气球高,而火箭飞得比飞机高。

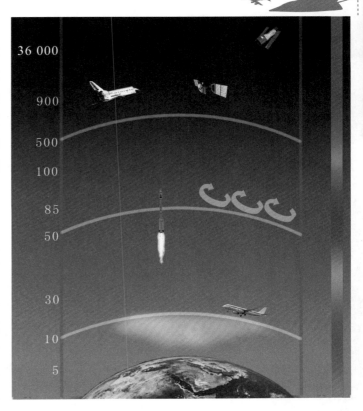

▲ 随着空气密度的降低,大气的环境也会发生改变,因此不同飞行器的飞行上限也不同。对于航空业来说,从地面到100千米的高空,都是航空器领域,但是一般航空器的飞行高度集中在6千米到30千米之间,很少有航空器的飞行高度会超过30千米

大气压

空气也是有重量的,一桶空气的重量大约相当于一本书中两页纸的重量。大气层中的空气始终给我们以压力,这种压力被称为大气压,我们人体表面每平方厘米上大约要承受1千克质量的重力。因为我们体内也有空气,这种压力在人体内、外相等,所以,大气的压力才不会将我们压垮。而各种飞行器就是利用空气的重量原理发明的。

◀ 大气密度会随着海拔高度的升高而变小,因此不同的飞行器,其飞行空间是不一样的。总体来说,飞机飞得比热气球高,而火箭飞得比飞机高,不过火箭不需要空气浮力也可以飞行。在地面上,工厂排放的烟雾因为温度高,也会向高空漂浮,不过它们最终会融入空气中,并沉降到地面附近

飞机的外形

飞机外形的变化主要表现在机翼。早期的飞机几乎都是双翼或三翼飞机。二十世纪二三十年代，单翼机逐渐取代了多翼机。经过一段时间的发展，单翼机的地位逐步确立。20 世纪 50 年代，飞机跨入了超声速时代，这个巨大的进步不仅带来了发动机技术的进步，也带来了飞机外形设计理念的巨大变化。

机翼的作用

机翼是飞机的重要部件之一，它们最主要的作用是在飞机起飞时产生升力，助飞机起飞。在飞行过程中，机翼也能起到一定的稳定作用。此外，机翼上还可以安装利于飞行的装置，如发动机、副翼、襟翼和缝翼等，机翼里面还可以设置弹药舱和油箱，在机翼前缘还可安装增加升力的装置。

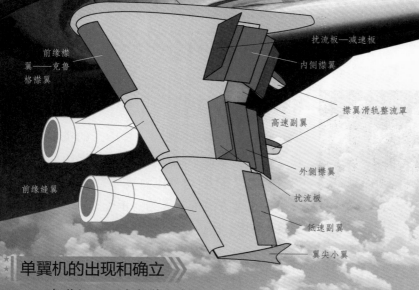

前缘襟翼——克鲁格襟翼

扰流板—减速板

内侧襟翼

襟翼滑轨整流罩

高速副翼

外侧襟翼

前缘缝翼

扰流板

低速副翼

翼尖小翼

单翼机的出现和确立

二十世纪二三十年代，随着铝合金应用于飞机材料，全金属飞机不断出现，飞机一般都采用单翼结构。在当时的航空竞赛中，全金属单翼机性能优势明显。随后，客机、轰炸机、战斗机都实现了由木质双翼机向全金属单翼机的过渡。二战时，战场上已经几乎看不到双翼机的身影了。就这样，单翼机的地位逐步确立起来。

平直翼

后掠翼

三角翼

不同的机翼类型

在后掠机翼的基础上,后来又发展出了变后掠机翼等气动外形,近年来又在研究前掠翼、斜机翼等布局形式。前掠翼的好处是在超声速减波阻的前提下,亚声速时能大迎角飞行,而不会发生后掠角因翼尖失速丧失安定性的弊病。后掠机翼可以在保持航空器平衡的同时,减少航空器飞行时受到的阻力,增加速度。

寻根问底

机身为什么要涂抹航空涂料?

飞机的飞行速度很快,雨、雪和尘埃等空中悬浮物都可能损伤飞机。机身涂抹的航空涂料不仅有良好的耐腐蚀、耐磨和耐热性,还能够让机身表面光滑、美观,大大减少机身与大气的摩擦,提高速度。

外形与速度

飞机外形与飞行速度是有一定关系的。根据飞机的外形可以判断出飞机大致的飞行速度。低速飞机,由于它的速度很低,主要考虑的是升力问题,不大考虑阻力因素。因此,这种飞机一般都采用大面积的平直翼或双层翼,发动机大多暴露在外面。早期的低速飞机连座舱都是敞开的。现代亚声速飞机通常采用单机翼、喷气发动机,机身光滑、流线,外部暴露物很少,起落架可以收放。现代旅客机大多为这种速度的飞机。

超声速飞机外形

在飞机速度较低时,机翼外形一般都是矩形的直机翼。而超声速飞机的机翼,除了采用薄翼型外,还必须用向后斜的后掠机翼,以减少阻力。后掠机翼可使飞机速度提得更高。由后掠机翼演变而来的三角形机翼已在战斗机中广泛采用。典型的超声速飞机机身外形是"蜂腰"形的,像一个可口可乐瓶子。理论和实验证明,这种机身外形可大大减小波阻。尖的机头、蜂腰机身和三角形机翼成为超声速飞机的典型气动布局。

洛克希德超声速飞机

制造飞机的材料

　　早期制造飞机的材料相当简陋,甚至连帆布和金属条都可以出现在飞机身上。后来随着航空技术的发展,以及飞机在更多领域表现出来的巨大发展潜力,为了确保飞行的稳定和安全,人们对它的材料要求也越来越高。新材料和新技术的相互结合,为现代飞机打造了更为轻巧和结实耐用的银色盔甲。

★★ 制作材料的发展 ▶▶

　　早期的飞机是用木材、布和钢制造的。这种飞机结构不稳定,只能进行低空低速飞行。硬铝的出现给机体结构带来巨大的变化,因此出现了全金属结构的飞机。金属结构飞机提高了结构强度,使飞机性能得到了提高。后来人们采用更结实的复合材料,制造出飞行性能更好的飞机,既可保证飞机的结构稳定,又有利于飞行。另外,为提高突防攻击能力、不被敌方雷达捕获,飞机上还采用了吸波材料。

▲ 早期飞机

▲ 制造飞机的工厂

★★ 复合材料 ▶▶

　　复合材料,是由两种或两种以上不同性质的材料,通过人工合成,组成具有新性能的材料。各种材料在性能上互相取长补短,产生协同效应,使复合材料的综合性能优于原组成材料而满足各种不同的要求。由于复合材料热稳定性好、强度高,并具有抗疲劳、减振、耐高温、可设计等一系列优点,因此被用于制造飞机机翼、前机身、发动机壳体和航天飞机构件等。

✦✦✦ 机翼材料 ▶▶▶

机翼是飞机的主要部件，如今，金属机翼早已取代了早期木结构的机翼。机翼内部的梁是机翼的主要受力件，一般采用超硬铝和钢或钛合金；翼梁与机身的接头部分采用高强度结构钢。为了减轻重量，机翼的前后缘常采用玻璃纤维增强塑料（玻璃钢）或铝蜂窝夹层（芯）结构。尾翼结构材料一般采用超硬铝。为减轻尾部重量，提高作战性能，歼击机有时会选用硼或碳纤维环氧复合材料。

▲ 钛合金

见微知著　复合材料的基体

复合材料的基体材料分为金属和非金属两大类。金属基体常用的有铝、镁、铜、钛及合金，非金属基体主要有合成树脂、橡胶、陶瓷、石墨、碳等。

大多数复合材料用在飞机的一些构件上，不过只有那些符合要求的复合材料才可以应用在飞机上。

✦✦✦ 机身材料 ▶▶▶

飞机在高空飞行时，机身增压座舱承受内压力，需要采用抗拉强度高、耐疲劳的硬铝作蒙皮材料。机身隔框一般采用超硬铝，加强框采用高强度结构钢或钛合金。在着陆时，飞机主起落架要在一瞬间承受非常大的撞击力，因此采用冲击韧性好的超高强度结构钢。前起落架受力较小，通常采用普通合金钢或超硬铝。

◀ 玻璃棉

✦✦✦ 隔热和保温材料 ▶▶▶

飞机上用的是玻璃纤维隔声隔热层，安装在客舱衬里和机体蒙皮之间，贯穿整个客舱。隔声隔热层有防水涂层并且它们以搭叠形式配置安装，防止冷凝水渗入客舱。这个隔声隔热层我们平时叫它"玻璃棉"。

航空发动机

航空发动机是飞机的心脏，为飞机提供飞行动力，是一种高度复杂和精密的热力机械，也是飞机性能的决定因素之一，被誉为"工业之花"。它直接影响飞机的性能、可靠性及经济性，是一个国家科技、工业和国防实力的重要体现。目前，世界上能够独立研制高性能航空发动机的国家只有美国、俄罗斯、英国、法国等。

★★★ 航空发动机的种类 》》》

航空发动机有活塞式航空发动机、燃气涡轮发动机、冲压发动机三种类型。这些发动机都是从大气中吸取空气作为燃料燃烧的氧化剂，所以又称"吸空气发动机"。另外，还有火箭发动机、脉冲发动机和航空电动机。火箭发动机的推进剂（氧化剂和燃烧剂）全部由自身携带，一般作为运载火箭的发动机，在飞机上仅用于短时间加速（如起动加速器）。

△ 火箭发动机

★★★ 活塞式航空发动机 》》》

早期的飞机或直升机，多采用活塞式航空发动机，用于带动螺旋桨或旋翼。大型活塞式航空发动机的功率可达 2500 千瓦。它后来被大功率、性能好的燃气涡轮发动机所取代。目前，轻型飞机、直升机及超轻型飞机仍采用小功率活塞式航空发动机。

见微知著 　　　　　冲压发动机

冲压发动机是一种构造非常简单、可以发出很大推力、适用于高空高速飞行的空气喷气发动机。它的特点是没有压气机和燃气涡轮，进入燃烧室的空气利用高速飞行时的冲压作用增压，且不能自行起动、低速下性能欠佳，仅用在导弹和空中发射的靶弹上。

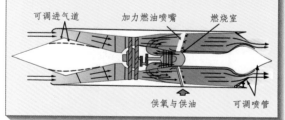

可调进气道　　　加力燃油喷嘴　　燃烧室

供氧与供油　　　可调喷管

燃气涡轮发动机

燃气涡轮发动机

　　燃气涡轮发动机应用最为广泛，它包括涡轮喷气发动机、涡轮风扇发动机、涡轮螺旋桨发动机和涡轮轴发动机，这些发动机都有压气机、燃烧室和燃气涡轮。涡轮喷气发动机主要用于超声速飞机，涡轮风扇发动机主要用于速度更高的飞机，涡轮螺旋桨发动机主要用于时速小于 800 千米的飞机，涡轮轴发动机主要用作直升机的动力。

常用的航空发动机

　　涡轮风扇发动机是现代比较先进的航空发动机，用于民航干线客机、军用运输机、现代战斗机等。涡扇发动机由风扇、压气机、燃烧室、涡轮、喷管等五部分组成。运输机、民航客机用涡轮风扇发动机，与战斗机的区别主要在于风扇。客机的发动机一般采用大直径风扇，可降低耗油率；战斗机的发动机风扇直径一般较小，以进行超声速飞行。

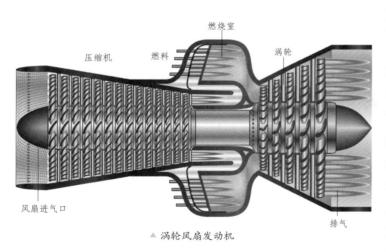

压缩机　　燃料　　燃烧室　　涡轮

风扇进气口　　　　　　　　　排气

▲ 涡轮风扇发动机

新技术探索

　　航空发动机技术难度大、耗资多、周期长，是一个结合了多个领域知识的高科技综合产品。其中，组合动力系统是目前新型航空发动机研发的主要方向，它不仅能够满足超声速有人驾驶飞机、可进行跨大气层飞行的航空器等飞行器的动力需求，而且成本低，能够重复使用。另外，新概念发动机、新能源发动机等，也是未来航空发动机研发的重要方向之一。

★ 国防科技知识大百科

飞机的黑匣子

黑匣子是一种记录飞行状况的仪器,被称作"空难见证人"。不幸发生后,飞机往往会遭到非常严重的损坏,从而给人们寻找事故原因带来困难。这时,黑匣子就会解决这个问题。事故发生后,调查人员会在第一时间找到黑匣子,然后利用它来寻找证据,以揭开事故原因。黑匣子里存储的数据非常神秘、重要,必须通过专用设备和软件才能够解读分析。

应运而生

"黑匣子"是墨尔本一位工程师在 1958 年发明的。早在 1908 年,美国发生了第一起军用飞机事故。此后,飞行事故不断发生,人们迫切需要一种能记录事故发生原因的仪器。于是"黑匣子"应运而生。随着电子技术的发展,"黑匣子"的本领越来越强,能记录两国飞机交战的情况以供分析。

▲ 黑匣子

★聚焦历史★

1987 年 9 月 13 日,挪威上空一架军用飞机发生爆炸,机毁人亡。挪威当局赶到事故现场,从飞机残骸辨认出这是一架苏联的军用侦察机,但苏联矢口否认。于是挪威找到了飞机上黑匣子的记录数据。在铁的证据面前,苏联只好承认。

名称来源

黑匣子实际上是"飞行数据记录仪"的俗名。虽然叫黑匣子,但是它的外表并不是黑色,而是醒目的橙色,表面还贴有反光标识,方便救援人员寻找。之所以被称为"黑匣子"可追溯到 1954 年,当时飞机内所有的电子仪器都是放置在大小、形状都统一的黑色方盒里。再加上发生事故后被烧成了黑色,因此人们给它起了"黑匣子"的名字。

记录哪些数据和信息

黑匣子里的飞行数据记录器能将飞机的高度、速度、航向、爬升率、下降率、加速情况、耗油量、起落架放收、格林尼治时间,还有飞机系统工作状况和发动机工作参数等飞行参数都记录下来。它携带的舱声录音器,相当于一个无线电通话记录器,可以记录飞机上的各种通话。需要时可以把所记录的参数,通过专用设备重新播放出来,以供参考。

▲ 飞机遇难

★★★ 空难的"见证人"

黑匣子上有定位信标,相当于无线电发射机,在事故发生后可以自动发射出特定频率信号,以便搜寻者寻找。因为其具有极强的抗火、耐压、耐冲击、耐海水(或煤油)浸泡、抗磁干扰等能力,即便飞机已完全损坏,黑匣子里的记录数据也会完好保存。世界上许多空难原因都是通过黑匣子找出来的,因此它就成了空难的"见证人"。一般民航客机上会同时安装两个黑匣子,一个记录数据,一个记录语音。

★★★ 实际应用

二战时,飞行记录仪正式在军用飞机上使用。战后,开始用到民航飞机上。飞行记录仪早期的记录方式比较落后,用的是机械记录的方法,记录在照相纸上。磁记录方式发明后,黑匣子的信息记录变得方便可靠。科学家通过对大量飞行事故进行分析,发现飞行器的机尾最不容易受到损坏,所以黑匣子一般安装在机尾。

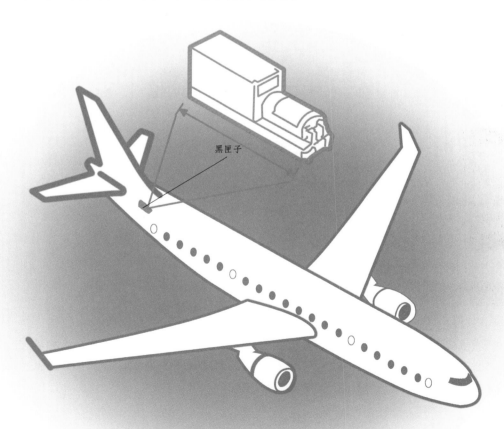

黑匣子

飞机上的通信设备

为了实现安全飞行，飞机上都安装了无线电通信设备，以传递飞机飞行动态、空中交通管制指示、气象情报和航空运输业务信息等，保障航空各部门之间的正常联系。早期的航空通信方式主要是电报，后又出现电话、电传打字、传真、电视、数据传输等多种方式。现在在大型的军用飞机和客机上，一般都装备"机内有线通信系统"。

★ 航空通信

航空通信是航空部门之间利用电信设备进行联系，以传递飞机飞行动态、空中交通管制指示、气象情报和航空运输业务信息等的一种飞行保障业务。早期的航空通信方式主要是电报，后来又出现电话、电传打字、传真、电视、数据传输等多种方式。现代有些航空运输企业为了自身业务的需要，另建有旅客服务、客货运输和定座电报的通信网路。

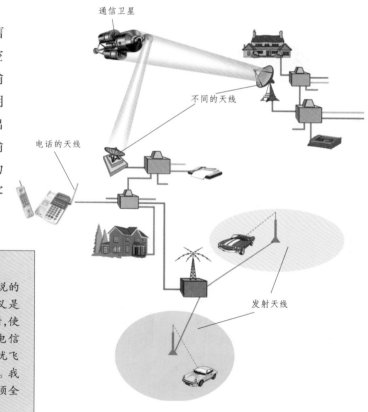

通信卫星
不同的天线
电话的天线
发射天线

寻根问底

什么是飞航模式？

飞航模式就是我们平时所说的"飞行模式"。飞行模式顾名思义是在乘飞机时关闭手机的信号发射，使手机暂时不能发送或接收无线电信号。这样可以避免手机信号干扰飞机上的电子设备，影响飞行安全。我国民用航空法规定，乘坐飞机必须全程保持关机。

★ 民航通信设备

民用飞机的通信系统，主要使用甚高频波段的调幅制电台。为了与远距离的空中交通管制点通信，或者是为了同远距离的业务点联系，有些民用飞机上还加装了短波电台。当然，这个系统也提供了飞机内部人员之间和他们与旅客的联络服务，它主要分为甚高频通信系统、高频通信系统、选择呼叫系统和音频系统。

军用飞机的通信设备

在现代军队中,通信设备也是非常重要的设备,它甚至起到决定战争胜负的作用。军用飞机上装备有十分先进的电子通信设备,而且这些设备的工作频率和民用通信频率是分开的,这样会减少泄密和干扰的可能。按照"国际无线电频率管理委员会"的规定,军航通信设备的无线电频率主要安排在甚高频波段的225~400兆赫之内,级道间隔为25千赫,共7 000个频道。

▶ 飞机通信系统主要用于飞机与地面之间、飞机与飞机之间的相互通信;也用于进行机内通话、旅客广播、记录话音信号以及向旅客提供视听娱乐信号

未来发展趋势

现代航空通信设备主要是朝数字化和综合化方向发展。数字化是应用数字电路和微处理机,对信息进行加工处理和传输,也利于综合化的实现。综合化指的是将单一功能电台综合为多功能电台,进而将飞机电台与其他机载电子设备组成多功能综合电子系统。随着数字化与综合化的实现,航空通信设备还将进一步减小体积、重量和功耗,提高可靠性、电磁兼容性、保密性和抗干扰能力,降低维修率等项目费用。

飞机导航

当飞机在空中飞行时,低空可以靠飞行员自己控制。但如果是在高空,则需要进行导航,才能完成飞行任务。飞机导航设备可以确定飞机的方位、距离、位置以及其他导航参数,引导飞机按预定航线飞行,并且完成预定的各项任务,安全返航着陆。这些导航设备包括飞机上的和地面上的设备。在中国,机载的导航设备也称领航设备。

导航系统的分类

导航系统通常由测量部分、数据处理部分和信息显示部分组成。其测定的参数有经度、纬度、高度和水平速度等。按有无地面设备可分为他备式导航系统和自主式导航系统;按获得导航信息资料的技术手段不同,可分为推测导航、无线电导航、惯性导航、天文导航和卫星导航等系统;按定位基准又可分为绝对导航系统和相对导航系统。

▲ 飞机导航系统

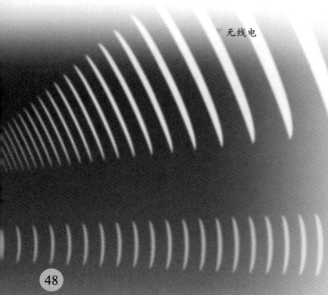

无线电

无线电导航

无线电导航是利用无线电技术测定导航参数,实现导航功能。导航和定位密切相关,连续定位实质上就是导航。无线电导航设备多数以协作式方式工作,少数以自备式方式工作,如多普勒导航系统和无线电高度表等。无线电导航设备适用于各种类型的飞机,可以全天候使用,工作可靠,可完成多种导航任务。但由于辐射电磁波信号,工作隐蔽性差,以协作式工作的无线电导航设备还易被干扰、破坏和敌方利用。

自备式导航设备

自备式导航设备是指仅靠安装在飞机上的导航设备即可自行测量和计算出各种导航参数,独立自主地实现导航功能,而无须依靠飞机外部设置的导航设备的协作和配合的导航设备。例如,惯性导航系统、天文导航设备、多普勒导航系统等。

见微知著   奥米加导航系统

奥米加导航系统是一种超远程双曲线无线电导航系统。其作用距离可达1万多千米。只要设置8个地面台,其工作区域就可覆盖全球。奥米加导航系统是全球范围的导航系统,定位精度为1.6~3.2千米,它由机上接收装置、显示器和地面发射台组成。

协作式导航设备

协作式导航设备,需要通过飞机上安装的导航设备与飞机外部设置的导航设备之间配合和协作,方可测定导航参数和实现导航功能。例如以地面台站为基点的塔康导航系统、罗兰导航系统、仪表着陆系统以及以人造地球卫星为基点的卫星导航系统等。

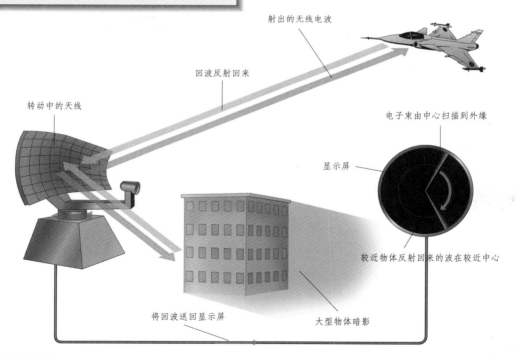

射出的无线电波

回波反射回来

转动中的天线

电子束由中心扫描到外缘

显示屏

较近物体反射回来的波在较近中心

将回波送回显示屏

大型物体暗影

导航方法

飞机的导航极为重要,随着科学技术的发展,出现了各种各样导航方法,如仪表导航、红外线导航、全景雷达导航、电视导航等。另外还有天文导航、无线电导航、多普勒导航、卫星导航、惯性导航、组合导航等。目前,飞机导航一般采用的是组合导航,由于惯性导航比起其他导航具有无可比拟的优点,所以组合导航大多是把惯性导航与其他导航组合在一起执行飞行任务。

超声速技术

声速就是声音的速度,超声速即指超出声音的速度。目前,人们通常以声音在15℃(气温)的海平面上传播的速度作为标准声速,这个标准声速约为340米/秒。超声速指速度超过340米/秒的速度,因为飞行器以超声速飞行时,产生的音爆会损坏飞机,所以这成为摆在人们面前的难题。

★ 什么是超声速 ▶▶

声速指的是声音在空气中传播的速度。声音在15℃的空气中传播的速度是340米/秒,也就是大约1 224千米/秒。超声速是指超过340米/秒的速度,小于340米/秒的速度称为亚声速。航空上通常用马赫数来表示飞行速度与声速,飞行速度是一倍声速的叫1马赫,二倍声速的就叫2马赫,超声速飞行就是以大于1马赫的速度飞行。

▲ 美国超声速战斗机

★ 实现超音速飞行 ▶▶

在喷气式发动机技术成熟以前,声速就像一个巨大的屏障,阻碍飞机速度进一步提高。当飞机飞行速度接近声速时,会出现阻力剧增,使机身抖动、失控,飞行速度也不能再提高,这种现象被称为声障。为了进一步提高飞机的速度,须突破声障。1947年10月,美国贝尔X1火箭试验研究机在1.28万米高空达到1 078千米/时的速度,首次突破了音障,实现了超声速飞行。

▲ 贝尔X1火箭试验研究机

超声速战斗机的诞生

超声速飞行技术首先被用于军事上,各国竞相研制超声速战斗机。1954 年,苏联的米格 19 和美国的 F—100"超佩刀"问世,这两架是最先服役的超声速战斗机。超声速飞机的机体结构同亚声速飞机相当不同:机翼必须薄得多,翼展(即翼尖两端的距离)不能太大,而是趋向于较宽较短,翼弦增大。

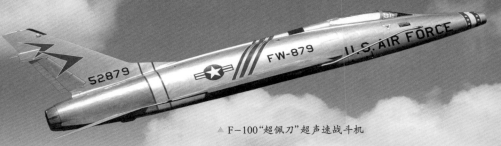

▲ F—100"超佩刀"超声速战斗机

作战能力

超声速飞机既可实施侦察任务,也可执行攻击任务。这种飞机可以实行电子情报搜集等多种任务,尤其擅长于侦察视界外敌防空阵地情况,并且根据实时数据对迅速变化的战术情况进行评估。由于速度快,它可以在不到 4 小时内完成全球的作战任务。

寻根问底

超声速飞机飞得有多快?

声音在空气中的传播速度为 340 米/秒,超声速飞机的飞行速度比声速还要快。20 世纪 40 年代,英国、美国等国家就开始研创这种飞机,成功地将其速度提高到声速的 2 倍以上。如今已经有了高超声速飞机,其速度可以达到声速的 5 倍以上。

◀ "协和"号超声速飞机

超声速客机

随着喷气式客机的逐渐成熟,飞机制造公司和设计师又把注意力放到超声速客机身上。由英法联合制造的"协和"号超声速飞机于 1969 年投入航线,开创了现代航空史上民用超声速飞机飞行的新纪元。其后,各国的顶尖飞机都开始尝试在空气中更快飞行。最快的速度纪录由波音公司的样机 X—43 保持,飞行速度为 9.8 马赫。

隐身技术

隐身技术是隐形技术的俗称,它真正的学名应该叫"低可探测技术",即通过各种技术手段,最大程度降低己方目标和武器装备被敌方探测系统发现的概率。其实,隐形技术是传统伪装技术的一种应用和延伸,它的出现,使伪装技术由防御性走向了进攻性,由消极被动变成了积极主动,增强部队的生存能力,提高对敌人的威慑力。

▼ U-2 间谍飞机

研发初衷

现代武器装备上最常见的雷达和通信设备,在工作时会发出电磁波,其表面会反射电磁波,而运转中的发动机和其他发热部件会辐射红外线等,这些不可避免的因素常会使武器装备与它所处的背景形成鲜明对比,易被敌人发现。针对这种情况,隐身技术应运而生。

隐身技术的出现 ▶▶

隐身技术运用的是一种特殊的防护涂料,能吸收雷达波,以此来达到对雷达隐形。这一技术的研究起源于 20 世纪 60 年代的 U-2 和 SR-71 间谍飞机。这些飞机主要靠自身机载电子干扰和对抗设备,或采用投掷金属干扰箔和黑色涂料隐蔽等手段保护自己。隐身技术并非是真的让航空器在我们的肉眼中"消失",而是让其"消失"在探测仪器的屏幕上。

寻根问底

美国 B-2 隐形战略轰炸机

美国 B-2 隐形战略轰炸机是当今世界上唯一一种隐身战略轰炸机，最大特点是隐身能力。该机能够安全地穿过严密的防空系统进行攻击，每次执行任务的空中飞行时间一般不少于 10 小时，美国空军称其具有"全球到达"和"全球摧毁"能力。

隐身措施

航空器会通过哪些途径达到隐身效果呢？隐身技术要通过多种途径，比如，雷达隐形、红外隐形、磁隐形、声隐形和可见光隐形等措施，想方设法尽可能减弱自身的特征信号，从而把自己隐蔽起来。很多武器装备，如飞机、导弹、舰船、坦克、战车、水雷、大炮等，都可以采取隐身措施把自己隐蔽起来。首先出现的是隐形飞机，主要是通过降低雷达截面和减小自身的红外辐射实现隐形。

舰艇上的应用

隐形技术在舰艇上也得到应用，如美国海军"阿利·伯克"级驱逐舰的上层建筑就是如此，瑞典制造的隐形艇已开始试航。潜艇的降噪措施则属于声隐形技术。此外，隐形坦克、隐形装甲车、隐形火炮、隐形巡航导弹等，以及多种隐形水雷也在研制中。

▲ "阿利·伯克"级驱逐舰

发展方向

隐形技术的出现促使战场军事装备向隐形化方向发展。由于各种新型探测系统和精确制导武器的相继问世，隐形兵器的重要性与日俱增。以美国为首的各军事强国都在积极研究隐形技术，取得了突破性进展，相继研制出隐形轰炸机、隐形战斗机、隐形巡航导弹和隐形装甲车等，有的已投入战场使用。同时，反隐形技术也在深入发展，并不断取得新成就。

起飞准备

　　当我们轻松地坐在飞机上等待起飞时,正是航空公司该航班的工作人员最为繁忙的时刻,因为此时他们正为了飞机能准点起飞做着大量的准备工作。在飞机起飞前,要进行各种检查,比如检修和维护飞机、确定飞行时间和机位、添加燃油等,以安全完成飞行任务。从开始准备飞行到起飞的整个过程,都是起飞准备阶段。

★★★ 机组人员的准备 》》

　　机长及全体机组人员在接到飞行任务后,要做一系列准备工作:飞机起飞前 8 小时之内,不饮酒,不食用易引起腹泻的食物,带好必要的有效证件如驾驶执照、护照等。在飞机起飞前 1~2 小时必须抵达机场,先到航管部门签到,再到签派室与签派人员仔细研究飞行计划、使用的航线、天气状况、可能发生的问题等,同时做好一个备用计划。

◀ 机组人员

★★★ 添加燃油 》》

　　飞机起飞前,航空公司的油料部门要准备飞机使用的燃油及其他油料的添加工作。给飞机加油是机场保障工作的重要组成部分,主要的加油方式是管道加油和加油车加油。管道加油就是将燃料经过一系列处理,经由管道直接加注到飞机的油箱中。加油车加油是先将车装满油,再通过车将燃料运输到飞机处给飞机加油。

▼ 飞机加油

▲ 飞行前检查

★★★ 飞行前检查 ▶▶▶

飞机在起飞前，机长和维护人员需要负责确认飞机是否处于可实施安全飞行的状态，其中包括对飞机机械、电气、电子方面的检查。现代飞机上装有计算机系统，它会自动"诊断"飞机各个系统的状况以确保每个部件工作正常。当飞机的机械、电子或结构出现不适航状态时，应当中断该次飞行。经过前面这些工作，具有整机放飞资格证书的人员向飞行员交接飞机。这些严格仔细的把关工作，使得飞机既舒适又安全。

★★★ 安全检查 ▶▶▶

乘客到安检通道，通道口有个安检柜台，需将机票的旅客联、登机牌、身份证交给安检员，安检员审核没问题会在登机牌上面盖章。随身所带的物品要从安检门旁的 X 光安检机过去，乘客要从安检门通过。另外还要过海关检查，出境时，海关检查分为红色通道和绿色通道。如果所带物品需要申报，就走红色通道，反之就走绿色通道。

▲ 安检设施

起飞前机务员为何举红色飘带？

当飞机准备起飞时，地面上就会有一名机务员扬起手中的红色飘带。这红色飘带被称作"转弯销"，它警示飞机上的机务员，在起飞前一定要拔出销子。因为这小小销子有很大的作用，它既可以保护人员的安全，又可以保护飞机结构及牵引杆等设备的安全。

★★★ 起飞调度 ▶▶▶

当飞机要起飞时，机长须在出发前 5 分钟的时间里向地面管制汇报飞机的情况，这样好让塔台有一个准备。之后，飞机会向地面管制提出出发申请，这时地面管制会向飞机颁发出发许可，包含飞行航线等信息，并向飞机指明该从哪条跑道起飞。接着，飞机发出滑行申请，在确认无误后，地面管制会向飞机发出滑行许可，这时飞机就可以滑行到起飞跑道。在获得起飞许可后，飞机就可以起飞了。

起飞方式

　　飞机的起飞是指飞机从起飞线开始滑跑到离开地面,爬升至安全高度为止的加速运动过程。随着航空技术的提高,飞机的重量越来越大,飞行速度也越来越高,这使得起飞方式也在不断进行革新。飞机的起飞方式有许多种,比如通常起飞、连续起飞以及静止起飞,还有陆地助跑起飞、垂直起飞和水上起飞等。

通常起飞方式

　　通常起飞是飞机停在跑道上,机头正对中央线,完成确认发动机的安定运转后松开刹车,飞机开始滑行,并设到起飞推力。这种方式特别要注意维持机头方位的稳定,所以准备好正对跑道后再加推力的方法利于保持方向。另外,飞机性能指标中的起飞滑跑距离也指的是这种起飞方式下的数据。

飞机起飞

连续起飞方式

　　连续起飞方式使用的跑道距离会比较长,在一些特殊条件下需要更慎重的操作维持机头方位,对飞行员的要求也更高。这种起飞方式是飞机转弯上跑道以后不停下来,或者即使停下来也不松开刹车,完成确认发动机的安定运转后再设到起飞推力。其优点是能缩短滑跑时间,飞机比较平稳,乘客不适感较轻。但在侧风或者潮湿、打滑跑道条件下不适合起飞。

寻根问底

目前性能最好的垂直起降战斗机是哪国生产的?

　　美国目前拥有世界最先进的垂直起降技术。虽然英国是垂直起降飞机的创始国,但是美国在这方面的技术已经超越了英国。美国第五代战斗机F—35"闪电Ⅱ"战斗机是目前世界上性能最好的垂直起降战斗机,由美国洛克希德·马丁公司设计生产,于2006年首飞成功。

拉进式起飞

　　螺旋桨飞机由于离地后剩余功率较小,起飞过程常分为地面滑跑、离地、加速平飞和爬升至安全高度四个阶段。一般来说,螺旋桨飞机需要的跑道距离比较长,因此只能从陆地机场上起飞。此外,需要把螺旋桨布置在前面。如果布置在后面,起飞时,螺旋桨就容易碰到地面,所以一般以拉进式为主。拉进式即动力装置装在飞行器前部,由动力装置产生向后的拉力使飞行器飞行。

▲螺旋桨飞机

静止起飞方式

　　飞机停在跑道上,机头正对中央线,在刹车的状态下直接把推力设到起飞推力,确认发动机的安定运转后松开刹车。其优点是起飞滑跑距离最短,而且维持方面也比较容易,但是在比较滑的跑道上,如果操作不当有冲出跑道的危险。同时它的噪声相对较大,加上加速度较大,会使乘客产生不适。

垂直起降

　　垂直起降是指飞机不需要滑跑就可以起飞和着陆。这种飞机是由发动机暂时提供向上的推力来克服重力,使飞机发动机的喷口向下旋转,从而产生向上的推力实现垂直起降的。垂直起降飞机产生升力的办法有三种,第一种是偏转主发动机的喷管,第二种是直接使用升力发动机提供升力,第三种是前两种办法的组合,同时使用升力发动机和主发动机。

改变速度

　　当飞机在空中飞行时，速度并不总是持续不变的，而是经常需要加速或减速的。飞机速度的改变并非我们想象的那样，飞行员只要踩一下油门或者刹车飞机的速度就会改变。在飞机运行时，飞行员必须时刻按照需要或指令调整飞机的速度，最终达到按时到达目的地，实现飞行目标，同时保证飞行安全的目标。

★★ 机动性 ▶▶

　　飞机的机动性是飞机的重要战术、技术指标，是指飞机在一定时间内改变飞行速度、飞行高度和飞行方向的能力，相应地称之为速度机动性、高度机动性和方向机动性。显然飞机改变一定速度、高度或方向所需的时间越短，飞机的机动性就越好。为了提高飞机的机动性，就必须在最短的时间内改变飞机的运动状态，为此就要给飞机尽量大的气动力以产生尽量大的加速度。可以说，飞机所能承受的过载越大，机动性就越好。

▽飞机

发动机和加速能力 ▶

　　航空发动机高度复杂和精密，不仅提供飞机飞行所需的升力，而且还提供飞机前进需要的动力，当飞机需要加速前进时，只要调整好飞行姿态和增大发动机的运转速度就可以了。在加速时，不同的飞机具有不同的加速能力。比如，喷气式飞机的加速能力就要比螺旋桨飞机好很多，因此在高空飞行时比较占优势。

▲ 飞机发动机

直升机的运动方式

直升机是依靠发动机驱动旋翼提供升力，把直升机举托在空中的。单旋翼直升机的主发动机同时也输出动力至小螺旋桨，通过调整小螺旋桨的螺距抵消大螺旋桨产生的反作用力。直升机加速时，推杆、旋翼做变距运动，转速不会增加，那样的话，尾桨就不用变速。而且，旋翼和尾桨是连着的，横向运动时，尾桨不是加速减速，而是做等距运动。

▲ 直升机

飞机落地

由于飞机在降落时比较容易发生事故，因此飞机在到达机场前就会减速飞行，做好着陆的准备。这个时候，飞机的发动机也会工作在较低转速上，使飞机在空气阻力下慢慢减速，同时降低高度。飞机减速飞行一段距离后，轻轻拉起机头，这时由于迎角增大，升力增大了，同时阻力也增加了，增加的阻力使得飞机进一步减速，最后落到地面，滑行一段距离后停止，降落过程结束。

▲ 飞机落地

速度影响升力和阻力

飞行速度增大，升力和阻力也会随之增大。这是因为在同一迎角下，机翼周围的流管形状基本上是不随飞行速度而变的。飞行速度越大，机翼上表面的气流速度将增大得越多，压力降低越多。与此同时，机翼下表面的气流速度减小得越多，压力也增大得越多。于是，机翼上、下表面的压力差愈大，升力和阻力也相应增大。

见微知著　飞行速度与升力、阻力的关系

飞行速度越大，空气动力（升力、阻力）越大。实验证明：速度增大到原来的2倍，升力和阻力增大到原来的4倍；速度增大到原来的3倍，升力和阻力增大到原来的9倍。即升力、阻力与飞行速度的二次方成正比例。

空中危险处理

　　天有不测风云。飞机在飞行时，有时候会遇到一些突发状况，这时就需要非常有经验的飞行员来处理。如果是冰雪天气，飞行员就需要打开除冰系统，保证飞机安全飞行。如果是更加危险、突然而至的恶劣天气，飞行员可以及时申请改变着陆机场。《国际法》也规定，在遇到紧急情况时，飞机可以就近选择停落的机场，机场不得拒绝客机紧急着陆。

▲ 天气影响飞机航行

★★ 恶劣天气 ▶▶

　　一般情况下，造成飞行事故的大多是恶劣天气，其中包括能见度、雷雨、冰雹和积雨云，飞机积冰，颠簸和急流以及低空风切变等。其中，恶劣能见度所造成的飞行事故最多，其次是雷雨、冰雹和积雨云等，可以说，这两项几乎是飞行事故的罪魁祸首。如果目的地机场的跑道因为积雪或是结冰达不到起降要求而关闭，那么飞机就需要备降到其他机场。

★★ 应急处理 ▶▶

　　如果遇到飞机发生火灾，机上人员伤、病或有生命危险，飞机迷航或燃料用尽，天气条件突然变坏等意外情况时，飞行员应利用机上设备进行检测或判断，确定问题的严重程度，及时采取适当措施使潜在危险减至最小程度。因为飞机不可能像汽车或是火车那样中途停下来进行修理，所以飞行员的应急处理能力显得尤为重要。

▲ 飞机着火

★★★ 飞机迫降 ≫≫

迫降就是飞机因意外情况不能继续飞行,而在机场或机场以外的地面或水面上进行的紧急降落。在机场内着陆时,若起落架不能自动放下,则用手控放下;如手动无效,则用机腹擦地着陆。为防止火灾,在机场跑道上洒以泡沫灭火剂。迫降时,机场上空不允许其他飞机飞行,消防车、救护车和各种应急车辆应立即驶至飞机将要迫降的地点。迫降对落点环境及飞行器的性能要求很高,因此存在着较大的风险性,常有可能造成机毁人亡。

★聚焦历史★

2002年7月1日,俄罗斯一架客机与一架货机在德国南部上空发生碰撞。两架飞机都收到了空中防撞系统的警告,但是其中一架没有遵从防撞系统的指示,而是听从了航空管制的指示,导致两架飞机在空中相撞,造成71人罹难。

★★★ 空中防撞系统 ≫≫

为了防范飞机在空中发生碰撞,人们设计出了空中防撞系统。空中防撞系统是安装于中大型飞机的一组计算机系统,能显示邻近飞机与自己飞机的间距与航向。如果飞机与别架飞机的距离或航向有相撞的危险,空中防撞系统就会用声音和显示警告飞行员,并用语音指示规避撞击的动作。当然别架飞机也会发出同样的警告。

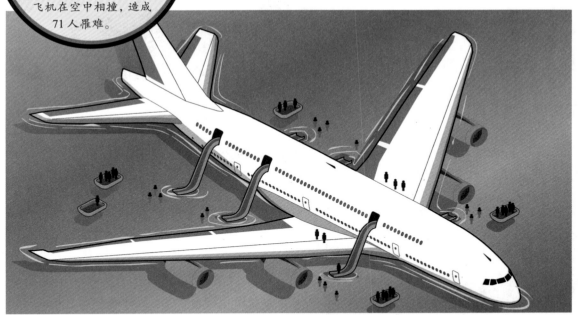

▲ 飞机上的救生设施

★★★ 安全救生设施 ≫≫

飞机在天空中飞行,一旦出现了什么故障,往往可能导致机毁人亡的恶果。因此,飞机上有一系列应付突发事故的安全救生设施,以确保能将事故的损失降低到最小的程度。现代民航客机上的救生设施一般多用于紧急迫降情况,这些设施包括应急出口、应急滑梯、救生衣、灭火设备、应急供氧等。

飞 行 员

　　同汽车需要司机驾驶一样,飞机或其他航空器也需要人来操作才能在天空翱翔,这个职业就是飞行员。由于飞行员的工作危险系数比较高,因此被称为"刀尖上的舞者"。要想成为一名合格的飞行员是十分不容易的,要经过层层筛选,长时间的艰苦训练,不管是身体条件、心理素质,还是飞行技能都要达到一定的标准。

★类别和等级 ▶▶

　　根据执行任务的不同,飞行员可分为不同的类别和等级。对于民航飞行员来说,可粗略分为机长和副驾驶两种等级,但是机长和副驾驶又可分成不同等级,机长一般又分为机长、教员和模拟机教员等,副驾驶又分为二副和一副。对于部队飞行员来说,可分为三级飞行员,即二级飞行员、一级飞行员和特级飞行员。飞行员按照自己的等级,分管和执行不同的任务与命令。

▲ 民航飞行员

★要求严格 ▶▶

　　对于飞行员来讲,严格的纪律尤其重要。空军的作战训练一向是以分秒来计算的,预警机要为其他飞机提供信息,歼击机不但要准确执行指挥员的口令,拦截、歼灭来犯之敌,还要对轰炸机和陆、海军实施掩护。如果没有严密的组织指挥、准确的协同动作、严格的空中纪律,平时就完不成训练任务,战时就不能打胜仗,甚至可能对己军、友军造成误伤。

◀ 空军飞行员

操纵技能

飞行员进行各种飞行的技能称为飞行技术，内容包括基本驾驶技术、战斗技术和简单气象与复杂气象飞行技术。良好的飞行技术是飞行员完成飞行任务、保证飞行安全的前提。基本驾驶技术指实施起落、航线飞行、特技飞行和领航飞行等。战斗技术包括攻击、射击、截击、侦察、轰炸等。简单气象与复杂气象飞行技术是飞行员在这两种气象条件下驾驶飞机所需掌握的操纵技能。

▲ 飞行的战斗机

选拔标准

飞行员选拔标准相当严格，除了自然条件、身体条件合格以外，心理素质、政治条件和文化条件也必须全部达到标准。这五大条件相当严格，包含了诸多限制。其中身体条件包括身高、体重、血压、视力、无有碍军容的纹身、刺字，以及不能患有各种影响飞行安全的疾病等。

成为飞行员

被选拔为飞行员后，需要接受专业的飞行知识教育。学员在航校毕业后，还要接受技术等级考试，考试通过了才能拿到飞行执照，而要想真正登上飞机，当上副驾驶，还需要进行模拟机训练。模拟机训练结束后，将转到本场训练。本场训练合格后，还要经历5~7年的成长历程，才能"变身"为飞行员。

飞行员

寻根问底

你听说过谁是最早的乘务员吗？

据记载，空中乘务员最早出现在英国。1923年，英国戴姆勒航空开始聘请空中乘务员。当时，一个叫杰克·辛德逊的英国白人第一个报名，成为历史上第一位空中乘务员。但是，这位历史第一人仅仅工作了一年，就在一次空难中丧生了。

机　场

机场是飞机休息、起飞、降落的地方,就好比是飞机的驿站。根据实际需要和用途的不同情况,机场可以选在不同的地方。由于飞机飞行引擎带来的噪声,探照灯发出的高强度灯光等问题会严重影响居民的生活,所以民用机场一般选在大城市郊区,这样不仅可以利用城市的便利交通,同时也不会干扰居民的生活。

★ 早期机场 ▶▶

最早的飞机起降落地点是草地,飞机可以在任何角度,顺着有利的风向来进行起降。之后,出现了土质场地,避免了草坪增加的阻力。然而土质场地并不适合潮湿的气候,否则会泥泞不堪。随着飞机重量的增加,起降要求也跟着提高,混凝土跑道开始出现,任何天气、时间都不影响起飞或降落。早期的著名机场如美国亚利桑纳州的比斯比-道格拉斯国际机场。

▲ 去机场

★ "航空站" ▶▶

我们习惯称飞机场为机场,实际上它的正式名称是"航空站",是专供飞机完成起降活动的场所。机场除了跑道,通常还设有塔台、停机坪、航空客运站、维修厂等设施,并提供机场管制、空中交通管制等服务。其中塔台是设置于机场的航空交通管制设施,用来监管以及控制飞机起降。

▲ 机场

★★★ 机场种类

　　机场一般根据跑道的长度和机场范围以及相应的技术设施等来划分等级,跑道结构是主要依据。机场的等级不同,可起降的飞机机型不一样,承载能力也就不同。机场根据执行任务性质,可分为运输机场和通用机场;根据用途,机场还可分为民用机场和军用机场。军用机场一般只允许军机降落和起飞,而民用机场则允许任何类型飞机起降。

★★★ 机场基础设施

　　机场的保安工作是十分严密的,人们不能随便闯入停机坪、跑道等地方。一般来说,机场分两个范围——"非禁区"和"禁区"(管制区)。非禁区范围包括停车场、公共交通车站、储油区和连外道路,而禁区范围包括所有飞机进入的地方,包括跑道、滑行道、停机坪和储油库。搭机乘客进入禁区范围时必须经过航站楼,在那里购买机票、接受安检、托运或领取行李,以及通过登机门登机。

见微知著　　　　　停机坪

　　停机坪是机场内用来提供飞机停放的平地,用以上、下旅客或货物,同时也是飞机进行清洁、加油和检修的场所。

停机坪往往是一片视野开阔的大空地,有时在举行航空展时,它还会扩充为飞机的展示场及飞行表演的观众席。

★★★ 乘机更加方便

　　利用城市轨道交通系统、轻轨等来连接机场和城市相当常见,可以避免因交通堵塞而错过航班的风险,如肯尼迪国际机场捷运、香港国际机场机场快线等。许多大型机场位于铁路干线附近,使旅客乘机更加方便,如上海虹桥机场、法兰克福机场、阿姆斯特丹史基浦机场等。大型机场通常也可经由高速公路连接,车辆可选择进入离境和出境路线。

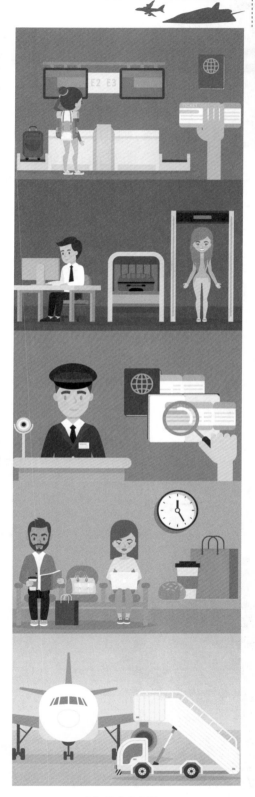

▲ 乘机程序示意图

跑　　道

所有机场都有长长的跑道。跑道是机场上长条形的地面,是供飞机起飞和降落用的地面,是航空港的组成部分之一。跑道并不像高速公路,它是特制的铺筑面,运输机用的跑道大多设有铺筑面。跑道的方位主要是根据当地风的恒风向和附近障碍物的位置确定的,大型机场通常有多条跑道。

★ 跑道的作用 ▶▶

飞机起飞时,通常无法将速度立刻提高到起飞时所需的速度,因此需要在地面上滑行一段距离。在滑行的过程中,飞机逐渐加速,直至起飞所需速度时才能飞上天空。飞机在空中的速度很快,准备降落时不能瞬间将速度降为零,需要逐渐减速,这也是通过在跑道上滑行一段距离来完成的。所以,离开了长长的跑道,一般飞机是没办法起飞和降落的。

寻根问底

飞机为什么要迎风起落?

飞机起飞时,它所获得的升力和气流速度有关。如果迎风起飞,气流速度为滑跑速度和风速的总合,此时产生的升力较大,飞机只需滑跑较短的距离,就可以顺利升空。另外,这样不容易受到侧风影响,会更加安全。

★ 跑道命名 ▶▶

大型机场有多条跑道,每个跑道都会有自己的名称。一般来说是根据它们的磁方位角命名。其磁方位角同时指明了该跑道的使用方向,即使用跑道时航空器的运动方向。由于跑道可能双向使用,因使用方向变化,跑道对应的方位角也发生变化,所以一般跑道会有两个数字名称。

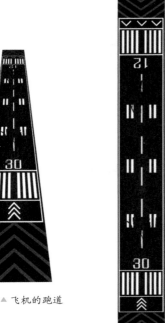

▲ 飞机的跑道

跑道长度

跑道长度都有规定，长度不同可起降飞机的大小和类型则不同，当然跑道道面的强度、跑道宽度和机场海拔高度对此也有影响。一般来说，机型越大，起降所需的跑道长度也就越长。全球最长的民用机场跑道在中国西藏昌都邦达机场，道面长度 5 500 米，其中的 4 200 米满足 4D 标准，同时它也是海拔最高的跑道，其海拔高度为 4 334 米。

跑道标志

跑道上有各种各样的标志和记号。国际民航组织规定，跑道的标志必须是白色的，而对于浅颜色跑道，可通过加黑边的方式来改善显示效果。这些标志通常包括跑道名称、跑道中心线、跑道入口、着陆点、接地区、跑道边界线等。

跑道灯光

从降落的飞机看，跑道以一排绿色的跑道入口灯开始，在末端以一排红色的跑道端灯结束。跑道的两旁边缘设有白色的边界灯、蓝色的滑行道灯。中线设有中心线灯，通常亦是白色的，但也有在跑道的后段用黄、白灯间隔，最后段是全黄灯，用以指示跑道尽头。跑道附近还装有醒目的高压灯，这样即使在夜间，飞机也可以安全停靠在指定的跑道上。

跑道灯光

★国防科技知识大百科

飞行航线和航班

和陆地交通、水上交通一样，飞机在天空中飞行，也有固定路线，这就是飞行航线。航线不仅确定了飞机飞行的具体方向、起讫点和经停点，还规定了航线的宽度和飞行高度。航班指飞机由始发站按规定的航线起飞，经过经停站至终点站或不经经停站直达终点站的运输飞行。为方便运输，每个航班均编有航班号。

▲ 航线示意图

★ 航线种类 ▶▶

航线可分为国际航线、国内航线和地区航线三大类。国际航线是指飞行路线连接两个或两个以上国家的航线；国内航线是指在一个国家内部的航线，它又可分为干线、支线和地方航线三大类；地区航线指在一国之内，连接普通地区和特殊地区的航线，如中国内地与港、澳、台地区之间的航线。此外，航线还可分为固定航线和临时航线，临时航线通常不能与航路、固定航线交叉或是通过飞行频繁的机场上空。

★ 航线的确定和安排 ▶▶

飞机航线的确定除了安全因素外，还取决于经济效益和社会效益。一般情况下，航线安排以大城市为中心，在大城市之间建立干线航线，同时辅以支线航线，由大城市辐射至周围小城市。干线航线是指不同省或自治区的城市之间的航线；支线航线则是指一个省或自治区之内的各城市之间的航线。点对点航线是指从起飞点直达指定的降落点，中途不降落的航线。

▲ 航线有不同的种类

见微知著   航班时刻表

航班时刻表是指各航空公司将航线、航班及其班期和时刻等,按一定规律汇编成的表。它包括始发站名称、航班号、终点站名称、起飞时刻、到达时刻、机型、座舱等级和服务内容等。

航班号

在国际航线上飞行的航班称国际航班,在国内航线上飞行的航班称国内航班。每次航班都有提前制定好的航线、飞行时间区段、出发地和目的地,这些内容都集中体现在航班号上。即使航空公司不同,这些编号也是遵循相同规律制定的,以便旅客查询。

国内航班号的编排

根据航班号可以快速了解到航班的执行公司、飞往地点及方向,方便乘客和管理。航班号由各个航空公司的两字代码加4位数字组成,航空公司代码由民航局规定并公布。后面的四位数字中,第一位代表航空公司的基地所在地区,第二位表示航班的基地外终点所在地区,第三、四位表示这次航班的序号,单数表示由基地出发向外飞的去程航班,双数表示飞回基地的回程航班。

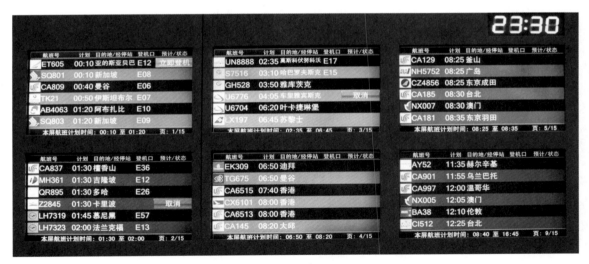

▲ 航班时刻表

国际航班号的编排

国际航班号由航空公司代码加3位数字组成。第一位数字表示航空公司的代码,后两位是航班序号,单数为去程,双数为回程。如CA982,CA是中国国际航空公司的代码,982表示由纽约飞往北京的航班,是由中国国际航空公司承运的回程航班。

▶ 参考航班信息方便乘客登机

机票购买

当人们远距离出行，需要乘坐飞机时，就需要购买机票。机票即飞机票，是人们乘坐飞机的凭证。购买汽车票相对容易，在汽车开动前半个小时到 1 个小时就可以购买得到，但购买飞机票大多需要提前 7 天、15 天或者 30 天预定，也可以提前一年预订。正常票价的机票有效期是一年，但是航空公司会根据机票的销售情况随时调整机票价格。

★★★ 机票实名制 》》

机票实行实名制原则，即机票购买者需要向航空公司或代理售票点提供乘机人的真实姓名和身份证号码、护照号码或者港澳台通行证号码，并出示证件，才能订到机票。2013年，中国民用航空局已经联合国家发改委，取消了国内航空旅客运输票价的下调幅度限制，允许航空公司根据市场供求情况自主确定机票价格。

见微知著　　　　**电子机票**

这是一种电子号码记录，简称电子机票。目前，它作为世界上最先进的客票形式，依托现代信息技术，实现无纸化、电子化的订票、结算和办理乘机手续等全过程，给旅客带来诸多便利并为航空公司降低成本。

▼ 机票

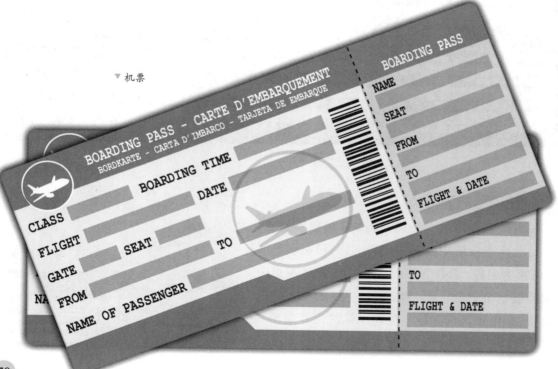

▲ 头等舱和经济舱

★ 不同的舱位和价格

　　航空公司票价一般分为头等舱、公务舱、经济舱、特价舱。不同的舱位，机票价格不同，每个舱位享受的待遇不同。只要旅客预订了规定的舱位，就可以使用规定的价格。特价舱和经济舱享受的待遇是一样的，都是正常座位。公务舱享受的是半躺式座位，而头等舱票价最高，比一般经济舱价格高1.5倍，当然，享受的待遇也是最高的。

★ 舱位代号

　　每种等级又按照正常票价和多种不同特殊优惠票价划分为不同的舱位代号。头等舱代号一般为F,A；公务舱代号一般为C,D等；经济舱的代号，如有的航线经济舱划分为Y,M,L,K,T五种代号，代表不同的票价。世界上各个航空公司一般自行定义使用哪些字母作为舱位代号，在舱位代号上没有统一规定。

★ 机票内容和出票时限

　　机票包含的内容很多。它的封面上印有航空司的全称、代号、标识、数字代号、机票顺序号等；中间是乘机联和旅客联；乘机联和旅客联上都写有旅客姓名、航班号、起飞时间、定座、经过及抵达地点等。对于旅客所预订的机位，航空公司规定了一定的出票时限，若超过规定的时限，座位将被航空公司取消。

▲ 机票

航空武器

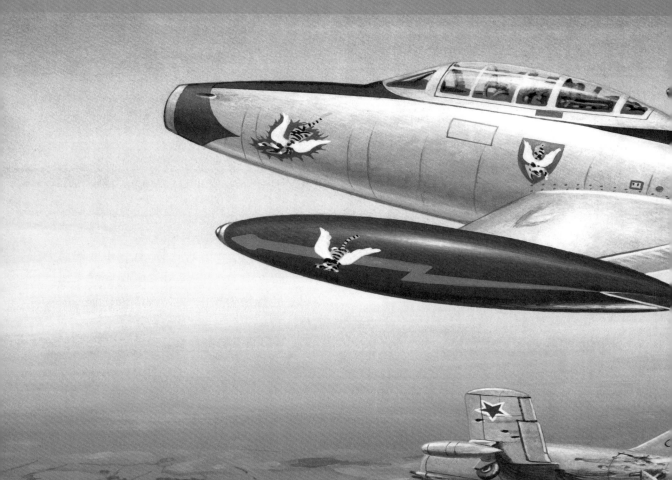

　　战争催生了武器的诞生,飞机的发明带来了武器的重大革新。在现代战争中,飞机被大量用于作战:从一马当先的战斗机到以速度著称的攻击机,再到以高效执行轰炸任务而闻名的轰炸机;从使用方便的无人机到反应灵敏、机动灵活的侦察机,再到用于搜索和攻击的反潜机……这些军用飞机的诞生和应用改变了战争方式,它们在战争中搏击长空,叱咤风云,立下了赫赫战功,受到了各国军队的青睐。

★ 国防科技知识大百科

军用飞机

在现代战争中,飞机被大量用于作战,这就产生了大量的军用飞机。军用飞机是航空兵的主要技术装备,自诞生以来,其发展速度、性能提高的幅度,无疑是常规武器中的佼佼者。在夺取制空权、防空作战、支援地面部队和舰艇部队作战等方面,军用飞机发挥着非常重要、不可替代的作用。

战机初现 ≫

自莱特兄弟于 1903 年发明飞机不久,飞机很快就成为一项新的军事装备。1909 年,美国陆军装备了第一架军用飞机,机上装有一台 22 千瓦的发动机,其最大速度为 68 千米/时。飞机最初用于军事主要是执行侦察任务,偶尔也用于轰炸地面目标和攻击空中敌机。一战期间,出现了专门的为执行某种任务而研制的军用飞机,如歼击机、轰炸机、攻击机等。

★ 聚焦历史 ★

英格兰战役是人类历史上第一次依靠飞机进行的大规模战斗。英、德双方动用了数千架的战斗机和轰炸机,在英吉利海峡上演了一出海空大战。英国首相丘吉尔说,英格兰战役是第一次将一个国家的命运掌握在如此少的人手中。

二战中的发展 ≫

二战中,军用飞机的技术发展十分迅速,早期的双翼飞机被单翼飞机所取代,飞机的飞行速度、高度、航程大幅度增加,到二战末期,喷气式飞机开始出现。20 世纪 50 年代,喷气式飞机已成为主要的作战机种,飞机的作战性能进一步提升。同时,飞机还实现了超声速飞行,这成为飞机发展史上一个重要的里程碑。

二战中的飞机

★ 类型和组成 ▶▶

现代军用飞机的类型主要包括歼击机、轰炸机、歼击轰炸机、攻击机、反潜巡逻机、武装直升机、侦察机、预警机、电子对抗飞机、炮兵侦察校射飞机、水上飞机、军用运输机、空中加油机和教练机等。军用飞机主要由机体、动力装置、起落装置、操纵系统、液压气压系统、燃料系统等组成，并有机载通信设备、领航设备以及救生设备等。

水上飞机

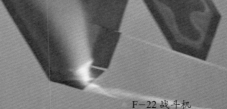

★ 现代军用飞机的发展 ▶▶

20世纪80年代以后，军用飞机的发展更多地体现在电子装备的进步上。雷达的性能快速提高，武器系统的性能更加优良，导弹的射程进一步加大。21世纪初，以美国 F—22 为代表的新一代军用飞机开始登上舞台，它所具有的超声速巡航、隐身、超远程火力、超常规机动等性能成为新一代军用飞机的发展方向。

F—22 战斗机

★ 航程不断增加 ▶▶

现代军用飞机的航程一直在不断增加。歼击机的最大航程达 2 000 千米，带副油箱时可达 4 000 千米，轰炸机、军用运输机的最大航程达 1.4 万千米，而高空侦察机的最大航程超过 7 000 千米。现代歼击机、歼击轰炸机和攻击机的续航时间为 1~2 小时，带副油箱时可达 3~4 小时。

战斗机

战斗机又称歼击机，二战时期称驱逐机，是军用飞机中装备数量最多、应用最广、发展也最快的机种。歼击机主要用于在空中消灭敌方飞行目标，夺取制空权，拦截敌方轰炸机、攻击机、侦察机和巡航导弹，或者为本方飞机护航。二战后，喷气式战斗机得到了很大发展，成为主要的战斗机。在现代战争中，战斗机一马当先，冲锋陷阵，被人们称为"蓝天上的神鹰"。

★ 两种主力机型 ▶▶

相对于战略空军的轰炸机，战斗机属于战术空军的机种。战斗机分为制空和截击两种主力机型。制空战斗机通常中低空机动性好，装备中近程空对空导弹，通过中距空中格斗。近距离缠斗击落敌机以获得空中优势，或为己方军用飞机护航；截击机要求高空高速性能，主要用于拦截敌方轰炸机群。

▲ P-61"黑寡妇"截击机

★ 第一架战斗机 ▶▶

1915年，法国的王牌飞行员加洛斯在自己的莫拉纳·索尔尼爱 L 型飞机上装上了固定机枪，成为世界上第一架单个飞行员能独自作战的飞机。当时，这架飞机击落 3 架敌机，并迫使 2 架迫降，从那以后西方就以击落 5 架敌机作为空战王牌的标准。这架飞机也成为世界公认的一架真正意义上的战斗机。

▲ 法国王牌飞行员加洛斯

★★★ 战争中发展迅猛 ▶▶▶

　　一战初期，飞机首先用于战场上空指引炮兵射击、侦察和轰炸。随后就出现用飞机来阻挠敌机执行上述任务的战斗行动，形成空中的对抗。一战结束时，战斗机的最大飞行速度达到 200 千米/时，升限高度达 6 000 米，重量接近 1 吨，而二战期间，战斗机的最大速度已达 700 千米/时，飞行高度达 11 千米，重量达 6 吨。

▲ 早期战斗机

★★★ 更新换代 ▶▶▶

　　二战以后，喷气式战斗机普遍代替了活塞式战斗机，飞行速度和高度迅速提高。20 世纪 50 年代以后，飞机进入超声速时代，飞机的外形也不断变化着。战斗机的最大速度已超过两倍声速，配备武器已从机炮、火箭发展为空空导弹。这一时期最著名的战斗机有美国的 F-104、F-4，苏联的米格-21 和法国的幻影 III 等。

▲ F-104 战斗机

寻根问底

隐身战斗机肉眼看不见吗？

　　隐身战斗机并不是肉眼看不见的飞机，而是在外形、涂料等方面做了特殊处理，使用于对空警戒的雷达、红外等现代探测装置难以发现。这种战斗机可隐蔽接近敌人，达到出其不意攻击敌机的目的。

★★★ 未来的战斗机 ▶▶▶

　　未来的战斗机将采用先进的技术，在隐身、机动速度、超视距和全天候作战、火力等方面都将有很大发展，并能和陆军、海军配合得更加密切，更有效率地完成任务。其最大特点是自主智能无人驾驶、宽频甚至全频隐身等。因为无人机对环境的准确感知和反应能力不如有人机，所以未来无人作战飞机出现初期将很可能采用与有人机编队的形式执行任务。

★ 国防科技知识大百科

攻 击 机

攻击机又称强击机,是一种用于专门攻击地面目标的作战飞机。其机腹上装有一层厚厚的装甲,用来抵挡地面的炮火袭击。攻击机是战场上速度最快的空中杀手,其高速、精准的攻击风格,使它们成为名副其实的"空中猎鹰"。美国的 A—10、苏联的苏—25 和法国的"超军旗"等,都是世界著名的攻击机。

★★ 应运而生 ▶▶

在一战期间,那些装上了机枪的战斗机飞行员们创造了一种战术,以机枪扫射敌方的战壕及小型目标。飞机从低空掠过敌方的阵地,并向地面扫射,对敌方士兵的士气是一种严重挫伤,也造成很大杀伤。这种情况下,急需一种可以低空飞行专门攻击地面小型目标的作战飞机,攻击机因此应运而生。

★★ 主要特点 ▶▶

攻击机具有良好的低空操纵性、安定性和良好的搜索地面小目标能力,主要用来摧毁敌方的防御工事、坦克、地面雷达、炮兵阵地、前线机场和交通枢纽等,可配备品种较多的对地攻击武器。在一些作战中,攻击机对地攻击甚至比轰炸机的作用还要大。在战场上,攻击机是最容易受到对方攻击损失的机种,为提高生存力,在其要害部位一般都有装甲防护。

▶ 用于攻击地面目标的攻击机

▲ 威风凛凛的攻击机

★★★ ### 武器配置 ▶▶▶

攻击机用来突击地面目标的武器有航炮、普通炸弹、制导航空炸弹、反坦克集束炸弹和空地导弹等。现代攻击机的最大飞行速度不超过声速，正常载重量可达8吨，机上装有红外观察仪或微光电视制导等光电搜索瞄准设备和激光测距器等。有的攻击机还有垂直或短距起落性能。

寻根问底

你知道世界最早的攻击机吗？

1916年，英、法联军空军在一次战役中，首次用飞机对德国地面部队进行攻击，使德国受到严重打击。德国因此受到启发，专门设计了一种带有装甲的飞机，取名"容克"，用来攻击英、法军队，这架攻击机成为世界上最早的攻击机。

发展趋势 ▶▶▶

在未来的空中战场上，用途单一的攻击机地位将会下降，会被多用途的战斗轰炸机所取代。这一趋势在第三代战斗机中已经有所体现，如F-15、幻影-2000等基本都是一机多型。已经问世的第四代战斗机，如F-22、歼-20也都是多用途，即不仅有较强的空战能力，同时具有强大的对地攻击能力。

与歼击轰炸机不同 ▶▶▶

攻击机和歼击轰炸机不同，主要在于突防手段和空战能力不同。攻击机用于突击地面小型或活动目标，比歼击轰炸机更有效；攻击机的突防，主要靠低空飞行和装甲保护，而歼击轰炸机则主要靠低空高速飞行；攻击机一般不宜用于空战，而歼击轰炸机具有空战能力。此外，攻击机可在野战机场起降，而歼击轰炸机一般需要永备机场。

▲ F-15战斗机

GUOFANG KEJI ZHISHI DABAIKE

★ 国防科技知识大百科

世界著名的攻击机

攻击机有良好的机动性能和野战性能，可以携带重火力，是对地攻击中的一种主要空中支援。它也是地面装甲车和坦克的克星，因此打击敌军地面机动力量也成为攻击机的重要任务之一。从一战至今，攻击机以其非凡的攻击力，在空战中立下了赫赫战功。世界著名的攻击机有 A-10 "雷电"、苏-25、"美洲虎"等。

▶ 美国 A-10 "雷电"攻击机

★★★ "坦克杀手" ≫

美国 A-10 "雷电" 攻击机主要是用于对敌区较小的地（海）面活动目标实施攻击，支援地面部队的行动。其特点是起、降滑跑距离短、出动迅速、载弹量较大。它的独特外形和装甲赋予了它强大的生存能力，加上其强大的火力和大载弹量，让它成为"空中的坦克"。而"雷电"在海湾战争中出色的表现，更为其赢得了"坦克杀手"的美称。

★★★ 缺陷呈现 ≫

A-10 "雷电" 攻击机的最大问题就是简陋的航电设备。当时在设计"雷电"的时候，设计人员认为太复杂的电子系统装在执行这种任务的飞机上并非必要，且会浪费极大的后勤成本。此外"雷电"与战斗机相比，具有机动性差、机体重量大、速度慢等弱点。因此只有己方战斗机夺取了战场上空的控制权，才能确保它发挥出最强大的威力。

★★ 苏-25 攻击机 ▶▶

　　苏-25 攻击机由苏联于 1968 年开始研制,1978 年投入批生产,1980 年投入阿富汗战场试用。1982 年,在阿富汗战场上,苏-25 取得了良好的战绩。在这次实战中,苏-25 从 A 型演化为 B 型,从油箱到火控雷达都做了更新。正式定型为苏-25B 的攻击机成为苏联空军的主要作战力量,结束了美国 A-10 的优势地位,让两国近距离支援攻击机的实力逐渐拉平。

▲ 苏-25 攻击机

★★ A-6 系列攻击机 ▶▶

　　A-6 系列攻击机是美国海军的双座全天候重型舰载攻击机,1963 年 A-6A 开始装备部队,主要部署在航母上,随航母部署到各个战区。该攻击机具备特殊强韧的攻击力,足以适应自赤道非洲至极地间全域带作战的需要,尤以担任夜间或恶劣天气下的奇袭任务而著称。A-6 攻击机使用大量攻击武器,以低空高速突防,对敌地面目标进行攻击。

▶ A-6 攻击机

见微知著　AV-8B 垂直起降攻击机

　　这是美、英两国联合研发的一种攻击机,是在英国"鹞"式垂直起降战斗机的基础上发展起来的,1983 年开始服役。AV-8B 的机载设备有超高频和甚高频通信电台、全天候着陆接收机等各类先进雷达和电子设备。

★★ "美洲虎" 攻击机 ▶▶

　　"美洲虎"攻击机是一种英、法两国联合开发的双发多用途攻击战斗机。1964 年,英国与法国达成协议,由英国飞机公司与法国达索公司合资成立 SEPECAT,共同研发"美洲虎"多用途战机。1968年,首架原型机"美洲虎"式 A 型在法国试飞成功,"美洲虎"式 B 型则于 1971 年试飞成功。1973 年交付英国空军,1975 年交付法国空军。在此后 1991年的海湾战争中,"美洲虎"曾大显身手。

轰炸机

轰炸机是以攻击敌方陆地或者水面目标为主要任务的军用飞机,是最早用于战争的一种机型,同时它还是一座空中的堡垒。其任务就是用炸弹、鱼雷或空对地导弹以轰炸的方式打击对方的所有地面、水面目标。轰炸机突击力强、航程远、载弹量大,携带不同的武器可以完成不同的作战任务。

★聚焦历史★

1911 年 10 月,意大利和土耳其为争夺利比亚的殖民地而爆发了战争。11 月,意大利的加福蒂中尉驾驶着一架单翼机向土耳其军队投掷了 4 枚重约 2 千克的榴弹,虽然这次投放的效果不是很明显,但是这却是世界上第一次空中轰炸。

▶ B-52 轰炸机

轰炸机家族

轰炸机按机载武器可以分为核轰炸机、巡航导弹载机和常规轰炸机;按航程可分为近程、中程、远程轰炸机;按载弹量分为轻型轰炸机、中型轰炸机、重型轰炸机;按作战任务分战术轰炸机和战略轰炸机。此外,随着轰炸机的特征不断增多,轰炸机还可分为隐身与非隐身、超声速与亚声速、可变后掠翼与非可变后掠翼等。

现代轰炸机的主要构造

现代轰炸机是航空兵实施空中突击的主要机种。现代轰炸机通常由机体结构、动力装置、武器系统、机载电子设备和特种设备组成。目前,世界各国着重发展的是超声速变后掠翼战略轰炸机和高亚声速隐身战略轰炸机,它们都装有先进的自动导航系统、地形跟踪系统、火控系统和电子对抗设备。

世界首架重型轰炸机

1913年，俄国著名飞机设计师伊戈尔·西科斯基设计了世界上第一架专用轰炸机并首飞成功。这架命名为"伊里亚·穆罗梅茨"重型轰炸机装有8挺机枪，最多可载弹800千克，机身内有炸弹舱，并首次采用电动投弹器、轰炸瞄准器、驾驶和领航仪表。一战爆发时，俄军中共有4架这样的飞机正式投入作战使用，至1918年共生产了73架。截止1917年十月革命俄国退出大战为止，使用这种飞机共执行过422次作战任务，投弹2 000余枚。

世界首架重型轰炸机

战略轰炸机和战术轰炸机

战略轰炸机对敌国的重大战略目标(如核设施、经济中心等)进行轰炸，以达到最大限度地瓦解敌方的抵抗意志，一般可携带核武器，而战术轰炸机体型相对较小，多半是中型或者是轻型设计，载弹量与航程远低于战略轰炸机，主要针对较小的战术目标，完成的任务也很小。著名的战术轰炸机有B-25，B-26，B-5，F-105，堪培拉以及苏-24"击剑手"等。

B-25米切尔型轰炸机

B-25米切尔型轰炸机是一种上单翼、双垂尾、双发中型轰炸机，于1938年由北美航空公司设计研发。为了纪念早年的航空战略家威廉·米切尔，这种飞机就以他的名字来命名。B-25主要由美国陆军航空队配备，美海军也配备相当数量的B-25，主要用来对付太平洋上的日本。在二战中，"黄蜂"号航母搭载16架B-25轰炸了日本本土。通过租借法案，英国皇家空军、苏联空军、澳大利亚、荷兰等地也有为数不少的B-25。

▼ B-25米切尔型轰炸机

无 人 机

无人机是"无人驾驶飞机"的简称，是一种以无线电遥控或由自身程序控制为主的不载人飞机，已经成为现代军事航空装备发展的重点之一。与载人飞机相比，无人机具有体积小、造价低、使用方便、对作战环境要求低、战场生存能力较强等优点，现在已经受到了世界各国军队的青睐。

★★★ 无人机分类 ▶▶

无人机兼具侦察和攻击功能，实现了无人作战平台由侦察兵向战士的转变，其必将对未来空中作战产生影响。从技术角度定义可以分为无人直升机、无人固定翼机、无人多旋翼飞行器、无人飞艇、无人伞翼机等；按应用领域，可分为军用与民用；军用方面，无人机分为无人侦察机和无人靶机。

无人机

寻根问底

你知道首款在航母上起降的全新型飞机吗？

X-47B无人机是美国研发的最新型的无人机，它将是第一型实现航母起降的无人机，也是在30多年的时间里，首款在航母上起降的全新型飞机。X-47B无人机具有各种能力，包括陆地操作、航空母舰操作以及自动空中加油。

★★★ 诸多优势 ▶▶

无人机能够在核、生、化和高威胁环境下作战，由于是无人驾驶，所以避免了人员伤亡。一般的无人机往往结构简单、尺寸小，所以造价比其他军用飞机低得多。另外它还具有留空时间长、机动性好、不易被敌方探测系统发现、不易被敌方防空火力击中、可以不依赖机场机动灵活起飞或发射等优势。

★★ RQ-4A "全球鹰"无人机 ▷▷

RQ-4A"全球鹰"服役于美国空军,是世界最先进的无人机。该无人机于1998年首飞,可从美国本土起飞到达全球任何地点进行侦察。飞行控制系统采用GPS全球定位系统和惯性导航系统,可自动完成从起飞到着陆的整个飞行过程。它装置的植被穿透雷达,能够探测和识别伪装的军用目标。

▶ RQ-4A"全球鹰"无人机

★★ 降低灵活性 ▷▷

现役无人侦察机大都是按照固定的程序和任务航线,来执行侦察巡逻任务。即便是一些具备攻击能力的无人机,通常也采用人工控制。这使得现役无人机的自主工作能力只能局限在自控飞行这个狭窄范围内,从而大大降低了攻击无人机在执行任务中的机动性和灵活性。

▲ 无人侦察机

★★ 未来发展趋势 ▷▷

无人机必须具备独立决策和任务规划的能力,人工控制只需在应付突发情况时介入。如何通过无人机自主完成规划任务和人工辅助控制的方法,来提高无人机整个系统的灵活性,已经成为当下无人机研制的主要课题。无人机在生产、维护和使用成本上比之传统战机有着明显优势,有利于军队装备规模的扩大。

★ 国防科技知识大百科

微型无人机

微型无人机只有手掌大小，约 15 厘米，可以携带，能进行空中监视、生物战剂探测、目标识别，甚至能探测到大型建筑物的内部情况。微型无人机现已成为战场上被广泛认同的一个重要成员。值得一提的是，在短短不过十年的时间里，微型无人机从指挥人员武器库中的一个偶尔使用的角色一跃成为冲突作战中必不可少的重要角色。

早期无人机

微型无人机的研制始于 20 世纪 90 年代中期。第一个飞行样机出现于 20 世纪 90 年代末期。1996 年，美国国防高级研究计划局授予航境公司一项研制合同，进行制造微型无人机的可行性研究。该公司制造出了"黑寡妇"固定翼微型无人机，其直径 152 毫米，轻木结构，螺旋桨驱动。

通信系统

微型无人机一旦飞到空中，就需要保持它与操作人员之间的通信联系。由于体积、重量的限制，目前只能采用微波通信方式。虽然微波可以传播大量的数据，足够进行电视实况转播，但它却无法穿透墙壁，因而只能在视距内使用它。当微型机飞出视距或视线被挡住时，就需要一个空中的通信中继站，中继站可以是另一架飞机或者卫星。

▶ 无人机发射信号示意图

★★ "阿努比斯"计划

2002 年，航境公司开发出了一架试验型"蝗虫"固定翼微型无人机，飞行时间超过 100 分钟。2008 年，美国空军研究实验室开始研发一种可以精确打击目标的体型微小的武装无人机，可在复杂环境下对时间敏感、可迅速移动的目标发起攻击，这项计划名为"阿努比斯"。该无人机准备配备给美国特种部队，执行对"具有较高价值的目标"的杀伤任务。

★★ 自主性技术挑战

由于微型无人机作战环境主要在峡谷和城市建筑物之间，所以微型无人机的使用往往是非直视的、超出操作者控制范围之外的。这就需要有一定程度的自主性，以使无人机系统可以完全独立飞至所需地域后收集数据并传回，目前这一点还做不到。自主性的发展对通信带宽和能源提出更高要求，传输的数据越多，需要的能源消耗越多，需要的无线电频谱也越多。

◀微型无人机

★★ 最新无人机

目前，美国空军正在开发一种微型无人机，可以像蜜蜂一样盘旋，像蜘蛛一样爬行，甚至偷偷对未防备目标进行致命打击。研发的另一种是类似鸽子的无人机窃电技术，从电线或其他来源窃取电力，使它们能够运行数天或数周。这类无人机可携带摄像机，栖息在电线上监视目标，还可携带失能性化学武器、可燃物或爆炸物以精确打击目标。

★聚焦历史★

2002 年，发生了一起著名的无人机误杀事件。美国中央情报局特工在阿富汗帕克蒂亚省向一位平民发射了"地狱火"导弹。这位平民因为身材异乎寻常的高大，被无人机操纵者认定是本·拉登。而实际上，受害者只是一位无辜的阿富汗农民。

★ 国防科技知识大百科

侦察机

　　侦察机是专门用来从空中获取情报的军用飞机,是现代战争中的主要侦察工具之一。侦察机是军用飞机大家族中历史最长的机种。早在飞机诞生后,进行空中侦察、获取有利战争取胜的情报就成为最早投入战场的首要任务。世界上著名的侦察机有美国的 U-2,RC-135 "铆钉"和 SR-71 "黑鸟"等。

★ 早期侦察机 》》

　　侦察机的历史比战斗机还要早,在飞机首次使用于战场之前,许多国家已经使用气球协助炮兵射击与标定目标。1910 年 6 月 9 日,法国陆军的玛尔科奈大尉和弗坎中尉驾驶着一架"亨利·法尔曼"双翼机进行了世界上第一次试验性的侦察飞行。1914 年 9 月 3 日,法军一架侦察机发现德军右翼缺少掩护,法国据此发动反击,打响了马恩河战役。

▶ SR-71"黑鸟"侦察机

★ 侦察机的分类 》》

　　按照侦察任务的范围,侦察机可以分为战略侦察机和战术侦察机。战略侦察机的飞行高度高、航程远,能从高空深入敌方领土或沿边界飞行,装有复杂的航摄仪和电子侦察设备,侦察敌军事目标,并向高级军事部门提供敌情;而战术侦察机多利用战斗机加装侦察设备而成,主要侦察敌方纵深 300~500 千米范围内的兵力布置等情况,并向战役指挥员报告敌情。

◀"曙光女神"侦察机

侦察机的装备

侦察机一般不携带武器,主要依靠其高速性能和加装电子对抗装备来提高其生存能力。因为要侦查,所以它"身上"穿着很多侦查设备:航空照相机、图像雷达和摄像仪、红外和电子侦察设备等,有的还装有实时情报处理设备、传递装置以及目前最先进的合成孔径雷达。侦察机可进行目视侦察、成相侦察和电子侦察,其中成相侦察是侦察机实施侦察的重要方法。

▲ RC-135"铆钉"侦察机

来无影去无踪

侦察机是世界上飞得最快的军用飞机,它来无影去无踪,飞得快、飞得高,因此曾经有一段时间人们很难发现它的踪迹,更是无法对其进行有效拦截。侦察机的最快速度可以超过 3 000 千米/时,达到声速的 3 倍以上,因而其他飞机和导弹无法对其构成威胁。有时候,侦察机上的飞行员甚至不知道曾有导弹射向自己。

寻根问底

你听说过著名的 U-2 侦察机吗?

U-2 侦察机是美国 20 世纪 50 年代研制的,是一种专用的远程高空间谍侦察机,被誉为"间谍幽灵"。1956 年,U-2 侦察机开始装备美空军,几十年来曾征战全球,侦察过苏联、古巴、朝鲜、中国等国,曾有 15 架在敌国领空被击落。

发展现状

随着科技的发展,无人侦察机和侦察卫星已经部分取代了侦察机功能,但是实战证明,侦察机独特的优势和在未来战场上的作用,仍是其他侦察设备所无法替代的。为了提高侦察机的生存能力,侦察机的隐身技术正在得到应用和发展。

★ 国防科技知识大百科

无人侦察机

21世纪，无人侦察机将成为侦察卫星和有人侦察机的重要补充和增强手段。防空导弹的发展，使侦察机深入敌方的飞行变得日益危险，因此有人驾驶侦察机主要执行在敌方防空火力圈之外的电子侦察任务，而大部分深入敌方空域的侦察任务则交给了无人侦察机来执行。

见微知著　合成孔径雷达

这种雷达是指利用雷达与目标的相对运动，把尺寸较小的真实天线孔径用数据处理的方法合成一个较大孔径的等效天线孔径的雷达。合成孔径雷达的特点是分辨率高，能全天候工作，能有效地识别伪装和穿透掩盖物。

无人侦察机的优势

无人侦察机是指侦察机上没有驾驶员，专门用于从空中获取情报的军用飞机。它能够在核、生、化和高威胁环境下作战，由于是无人驾驶，所以避免了人员伤亡。一般的无人侦察机往往结构简单、尺寸小，所以造价比其他军用飞机低得多。与有人侦察机相比，具有可昼夜持续侦察的能力，不易被敌方探测系统发现。所以，世界各主要军事国家十分青睐无人侦察机。

▲ 无人侦察机

处于世界前列的国家

以色列在研发无人侦察机方面走在世界前列。从20世纪70年代开始，以色列已独立或与美国、瑞士等国合作发展了三代无人侦察机。美国重视发展长航时、三军通用的无人侦察机，技术处于世界领先水平。除美国和以色列外，还有一些国家也装备有无人侦察机，如英国的"不死鸟"、俄罗斯的"图-243"、德法的"布雷维尔"、南非的"秃鹰"和加拿大的CL-227等。

★★ 无人侦察机的先进代表 ▶▶▶

　　RQ-4A"全球鹰"是美国空军乃至全世界最先进的无人侦察机。其机体庞大，双翼直挺，相貌不凡，看起来像一头虎鲸，飞行控制系统采用 GPS 全球定位系统和惯性导航系统，可自动完成从起飞到着陆的整个飞行过程。"全球鹰"装备的雷达，能够探测和识别伪装的军用目标，如用树枝伪装的坦克等，合成孔径雷达能连续监视运动目标。

RQ-4A"全球鹰"

▲ 无人侦察机试飞

美国无人侦察机折翼我国 ▶▶▶

　　20 世纪 60 年代，美国共进行了 3 500 架次的侦察和电子干扰活动，对我国的机场、铁路、公路、军队调动、国防设施等拍摄了大量照片。美军从越南得到的空中侦察照片，80% 是由无人侦察机拍摄的。不过，这些间谍无人机曾多次被我军击落。仅 1964 年至 1965 年 5 月间，在我国境内就被击落了 8 架。

★★ 无人机的缺陷 ▶▶▶

　　现役无人侦察机大都是按照固定的程序和任务航线，来执行侦察巡逻任务的。即便是一些具备攻击能力的无人机，通常也是采用人工控制。这使得现役无人机的自主工作能力只能局限在自控飞行这个狭窄范围内，从而大大降低了攻击无人机在执行任务中的机动性和灵活性。

国防科技知识大百科

反 潜 机

反潜机是专门用于搜索和攻击潜艇的军用飞机，它速度非常快，机动性好，加上低空性能好和续航时间长，能在短时间内居高临下地对宽阔水域进行大面积搜索，并可以十分方便地向海中发射或投掷反潜炸弹，甚至最新型的核鱼雷。常见的反潜机有固定翼飞机或者是直升机这两种机型，有从陆地机场操作，也有自水面船舰起降执行任务。

基本特征

反潜机一般总重量在 50 吨以上，可在几百米高度上以 300~400 千米/时的速度进行巡逻，一次飞行时间在 10 小时以上。反潜直升机通常载于普通舰船上，有了它的协助，舰船自身的反潜能力也得到了很大提高。现代反潜机装有航空综合电子系统，其中有各种探测器和导航、通信及武器控制系统。

伊尔-38 反潜机

反潜机的种类

反潜机大致有三种：岸基反潜机、舰载反潜机和水上反潜机。其中，岸基反潜机的基地在陆地，它的代表是美国洛克希德公司的 P-3"奥利安"反潜机；舰载反潜机的主要任务是随航空母舰执行机动反潜任务，包括对潜艇实行搜索、监视、定位和攻击；水上反潜机能在水上起降，其他与岸基反潜机相同。

P-3"奥利安"反潜机

★★★ 反潜机的装备 》》》

反潜机的主要装备有两大类:探测设备、武器设备。探测设备主要包括雷达、声呐浮标、吊放式声呐、磁异探测仪、激光探测仪等;武器装备主要包括反潜导弹、反潜鱼雷和深水炸弹等。鱼雷是现代最有效的反潜武器装备,备受各国海军重视。另外,反潜机的武器控制系统可以自动操作,也可以人工操纵。

▲ P-3"奥利安"海上巡逻反潜机

★★★ P-3"奥利安" 》》》

P-3"奥利安"海上巡逻反潜机是一型陆基远程反潜巡逻机,由美国洛克希德公司制造,于1962年开始进入美国海军服役。此后40年里,该机一直是美国海军唯一的陆基反潜机,并大量出口到多个国家,因此问世之初不久,该机便成为西方国家使用最为广泛的一种海上巡逻和反潜战飞机。目前,美军大型反潜机的主力为P-3C"奥利安"陆基远程反潜巡逻机。

"图-142"远程反潜机

★★★ 俄罗斯反潜机 》》》

20世纪50—60年代,冷战使美国和苏联都不遗余力地发展军事力量。当时,苏联主要的远程反潜力量是"别-6"和"别-12"岸基反潜机,在反潜能力上无法满足需要。因此1963年,苏联研制"图-142"远程反潜机,并于1968年6月首飞,1970年在海军航空兵部队投入试用。从此,"图-142"飞机担负起了在世界各大洋上打击美国核潜艇的重任。

寻根问底

你听说过 S-3 型"北欧海盗"反潜机吗?

S-3 型"北欧海盗"反潜机是美国第一种安装涡扇发动机的舰载反潜机,于1974年2月进入美海军服役。几十年来,"北欧海盗"的影子时常在太平洋、大西洋和海湾水域闪过。现已发展出了4种型号,美国主要使用的是 S-3A 和 S-3B。

电子战飞机

电子战飞机是一种专门用于对敌方雷达、电子制导系统和无线电通信设备进行电子侦察、电子干扰和攻击的飞机，基本上都由轰炸机、战斗轰炸机、运输机、攻击机等改装而成。信息时代，信息战将成为未来战争的主要形态，未来的电子战飞机将在战争舞台上扮演非常重要的角色。

★作战任务

电子战飞机的主要任务是利用飞机上的电子干扰设备施放干扰信号，就像麻醉师给病人打麻药，让病人昏迷那样，使敌方的防空体系陷入混乱并失效，以此来掩护己方的攻击飞机完成攻击任务。电子战飞机在现代战争中占有非常重要的地位，它能使敌方的防空导弹、防空高炮及战斗机迷失方向，无法发现攻击的目标。

▲B-17轰炸机曾改装成电子战飞机

★聚焦历史★

二战期间，英国的"蚊"式、"惠灵顿"式轰炸机，美国的B-17、B-29等轰炸机都曾改装成电子战飞机。飞行员用机载接收机和定向天线确定敌方雷达的频率和方向，把杂波干扰机调到敌方雷达频率上，就可实施干扰。

★早期的电子战飞机

二战期间，由于警戒引导雷达和战斗机截击瞄准雷达的大量使用，对轰炸机构成了严重的威胁。鉴于这种形势，许多参战国都研制出针对雷达的积极干扰设备、电子告警器和消极干扰物，并将其安装在轰炸机上或由轰炸机携带投放，由此诞生了早期的电子战飞机。

★★★ 真正的电子战飞机 ▶▶

　　真正的电子战飞机诞生在二战后。随着防空雷达技术的不断发展，简单的干扰手段已无法保护自身的安全，因而出现了载有完善干扰设备、专门用来干扰敌方雷达和通信系统的飞机。20 世纪 50 年代，美国研制出第一架真正的电子战飞机——EB-66。该机由美国的 A-3 攻击机发展而成，越南战争爆发后，EB-66 曾登台亮相。此后，美军在第五次中东战争、海湾战争、科索沃战争、伊拉克战争中都较成功地使用了电子战飞机。

▶ EB-66

★★★ EA-6B"徘徊者" ▶▶

　　EA-6B"徘徊者"是美国格鲁门公司研制的舰载电子战飞机，是为了满足美国海军电子对抗护航飞机的要求而研发的。其主要任务是干扰敌方的雷达和通信系统，保护舰队水面舰艇和其他作战飞机。它具有电子干扰和发射高速反辐射导弹的能力，是唯一能在陆基和航母上使用的专用电子战飞机。1995 年，EA-6B 成为美国防部唯一的电子战飞机。

◀ EA-6B"徘徊者"
舰载电子战飞机

▲ EF-111A 电子战飞机

★★★ 现役 EF-111A ▶▶

　　EF-111A 是美国空军委托格鲁门公司在通用动力公司 F-111A 机体基础上研制的专用电子战飞机。1975 年，EF-111A 的气动力原型机开始试飞。1981 年 11 月，EF-111A 开始交付美国空军使用。EF-111A 共有两名乘员，一名驾驶员，一名电子对抗操作员。最大起飞重量为 40.35 吨，作战飞行速度为 595 千米/时。

军用运输机

★ 国防科技知识大百科

军用运输机是用于空运兵员、武器装备，并能空投伞兵和军事装备的飞机。军用运输机通常都具有在复杂气候条件下飞行，以及在比较简易的机场上起降的能力。有的军用运输机还装有用于自卫的武器和电子干扰设备等，所以在特殊情况下，军用运输机也可能成为作战飞机。

▲ 飞行中的军用运输机

★★ 军用运输机的分类 》》

军用运输机按运输能力，分为战略运输机和战术运输机。战略运输机航程远，载重量大，主要用来载运部队和各种重型装备实施全球快速机动；战术运输机用于战役战术范围内遂行空运任务，有的具有短距起落性能，能在简易机场起落。

★★ 主要构造 》》

军用运输机由机体、动力装置、起落装置、操纵系统、通信设备和领航设备等组成。机身大多为宽体结构，其横截面多呈双圆形、圆形或方圆形，有的机内分为上、下舱。机身舱门宽敞，分前开式、后开式和侧开式。动力装置多数为2~4台涡轮风扇或涡轮螺旋桨大功率发动机；起落架多采用多轮式，装中、低压轮胎，有的起落架装有升降机构，便于在野战条件下进行装卸。

寻根问底

C-130"大力神"运输机是怎样一架运输机？

C-130"大力神"是美国研发的中型多用途战术运输机，也是世界上设计最成功、使用时间最长、服役国家最多的运输机之一，在美国战术空运力量中占有核心的地位。从1954年首飞至今已服役60余年，有70余个国家或地区使用，总生产数量超过2 300架。

▲ 军用运输机

早期的军用运输机

一战期间还没有专门的军用运输机，交战双方曾用大型飞机运送联络人员。战后，军用运输机在轰炸机、民用运输机的基础上发展起来。1919年，德国制成世界上第一架专门设计的全金属运输机J-13。到了20年代后期和30年代，出现了较为著名的军用运输机，如德国的容克-52、苏联的AHT-9等。

▲ 容克-52军用运输机

二战中的运输机

应该说，在一战期间，还没有发生明显的空运行动，更没有专门的军用运输机。在二战期间，各参战国开始意识到了快速移动和部署兵力的优越性，于是纷纷开始了对军用运输机的研制。但是机型基本是从民用客机甚至轰炸机改装的，如德国的Me-323、美国的C-47等。这些运输机大都装有大功率发动机，载重量达11吨或载120人。

▶ C-47军用运输机内部

▲ C-47军用运输机

现代军用运输机

20世纪50年代末60年代初，军用运输机开始采用涡轮喷气发动机或涡轮螺旋桨发动机，如美国的C-130、苏联的安-22等。不久后，军用运输机开始装用油耗低、功率大的涡轮风扇发动机，性能得到显著提高。现代军用运输机大都采用先进的操纵系统，以确保飞行安全，并装有完善的电子系统和导航设备，如气象雷达、航行雷达、卫星通信导航设备等。

◀ 安-22现代军用运输机设备

★ 国防科技知识大百科

空中加油机

　　空中加油机是指给飞行中的飞机及直升机补加燃料的飞机。大部分由大型运输机或战略轰炸机改装而成，它的任务是加大受油机航程，增长飞行时间，增加有效载重。空中加油技术出现于 1923 年。全球现役空中加油机有上千架，拥有加油机的国家有十几个，如美、俄、英、法等国。

发展历程

　　世界上第一次进行空中加油的事件出现在 20 世纪 20 年代，但直到二战结束后，喷气式固定翼航空器迅速发展，空中加油技术才真正开始发展起来。现在，美、俄等大国的军队都广泛运用空中加油技术。美国几乎所有的战斗机、轰炸机、侦察机和军用运输机都可以进行空中加油，军用直升机大多也具有空中加油能力。不少中、小国家空军也都装备了空中加油机。

飞行员正在进行
空中加油

KC-135 空中加油机

"空中哺乳"

　　空中加油设备大都装在机身尾部，少数装在机翼下面的油舱内，由飞行员或加油员操作。空中加油技术不仅增加了战机的航程，而且大大提高了战机的生存能力，已成为现代战争中重要的空中后勤支援力量，能不能进行空中加油，已成为战机能否作远程飞行的重要标志。人们因此把空中加油形象地称为"空中哺乳"。在未来的战争中，空中加油技术仍将发挥其重要的作用。

☆☆ ◀ 严守加油程序 ▶▶

由于加油机和受油机的速度不同,必须约定会合空域、航线、时间。会合时,受油机要比加油机的飞行高度低60米,以防相撞。两机对接时,除加油和通话开关外,飞行员不得按动其他电钮,以防误触武器开关或其他开关,引起危险。加油程序一般分为四个阶段:第一阶段是会合阶段。第二个阶段是对接。第三阶段是加油。第四阶段是解散。这个时候,必须是受油机减速,然后再作脱离动作。

▲ 空中加油

寻根问底

你听说过著名的 KC-10 空中加油机吗?

KC-10 是由美国著名的麦道公司生产的 DC-10 型喷气式客机改装成的,它的最大载油量达 161 吨,几乎是 KC-135 的 2 倍。此外,KC-10 还有一个特长:它既能为其他飞机加油,又能在空中接受加油。KC-10 问世后,一直活跃在美国空军的各次行动中。

☆☆ ◀ KC-135 空中加油机 ▶▶

KC-135 由美国著名的波音飞机公司制造,是在波音 707 客机的基础上发展而成的。KC-135 共有 10 个机身油箱,1 个中央翼油箱,每个机翼上还各有 1 个主油箱和 1 个备用油箱。最大供油量 90 吨,可以给各种性能不同的飞机加油,甚至可以同时给几架战斗机加油。在加油时排除了让受油者降低高度及速度的麻烦,既提高了加油的安全性,也提高了受油机的任务效率。

☆☆ ◀ 史无前例的空中奇迹 ▶▶

美国空军的 KC-135 曾经创造了一个史无前例的空中奇迹。在 1967 年的越南战争中,KC-135 加油机的油管接着两架 F-100 战斗机、同时接通两架 A-3 加油机进行空中加油,A-3 加油机的油管又连接着两架 F-100 战斗机,在空中排出了一个壮观的队列,这被称为航空史上的奇迹。

★国防科技知识大百科

武装直升机

武装直升机是装有武器、为执行作战任务而研制的直升机。直升机具有十分独特的飞行特点,比如它身体狭小,可以垂直起降,可以向后倒飞,可以悬停,不需要固定跑道等,这些特点使得直升机特别适合做紧急救援。在直升机上加装武器开始于20世纪40年代,发展到今天,武装直升机越来越受到了重视。

★ 直升机的诞生 》》

第一架接近实用的直升机是由美籍俄国人西科斯基研制的VS-300,它于1939年试飞成功。进入20世纪40年代,德国率先在一架Fa-223运输直升机上加装了一挺机枪。20世纪50年代,美、苏、法等国都分别在直升机上加装武器,开始主要用于自卫,后来也用来执行轰炸、扫射等任务。20世纪60年代初,美国在越南战争中大量使用直升机。战争中,其直升机损失惨重,因而决定研制专用武装直升机。

▲ Fa-223 运输直升机

机关炮

★ 性能和分类 》》

武装直升机具有独特的性能,在近年来的一些局部战争中发挥日益重要的作用。它的主要性能特点:飞行速度较大,最大时速可超过300千米;反应灵活,机动性好;能贴地飞行,隐蔽性好,生存力强;机载武器的杀伤威力大。武装直升机可分为专用型和多用型两大类。专用型机身窄长,作战能力较强,如美国的AH-1直升机;多用型除可用来执行攻击任务外,还可用于运输、机降等任务,如苏联的米-24直升机。

▲ AH-1 武装直升机

武器装备

在军用直升机行列中，武装直升机是一种名副其实的攻击性武器装备，因此也可称为攻击直升机。现代武装直升机携带的武器装备包括有反坦克导弹、航炮、火箭、机枪、空对空导弹、火箭弹以及炸弹、地雷、鱼雷、水雷等武器。这些武器具有不同形式、口径、射程和威力。此外，还装有夜视、夜瞄装置，更可以在夜幕和其他能见度极低的条件下迅速接近和攻击目标，更增加了攻击的突然性。

◀武装直升机

火箭发射巢

反坦克导弹

见微知著 "阿帕奇"武装直升机

"阿帕奇"武装直升机是美国陆军航空兵的主力装备，也是世界上最先进的现役武装直升机。"阿帕奇"的飞行速度很快，可以贴近地面低飞，并能充分利用地形或地面物体做掩护，用最快的速度接近敌方，然后发射炮弹、火箭弹和导弹。

"超低空的空中杀手"

经过40多年战场上的考验，武装直升机显示出其巨大优势，被人们称为"超低空的空中杀手"。它在战场上飞行的高度为离地面15米以内的范围。地球有一定的曲率，地面上又有山脉、森林等天然障碍物，雷达波在这个范围内不能很好地传播。因此，这个范围是雷达探测不到的"盲区"，直升机在这个高度上，不仅雷达发现不了，防空炮火也无能为力。在现代战争中，武装直升机主要执行的任务包括攻击坦克、火力支援、掩护机降等几个方面。

武装直升机著名机型

武装直升机是陆军航空兵的主力作战武器,并且在现代诸兵种协同作战中,成为一种具有高度机动能力和强大杀伤能力的作战武器,可有效地对各种地面目标和超低空目标实施精确打击,在现代战争中具有不可替代的地位和作用。世界著名武装直升机有AH-64"阿帕奇"、AH-1"眼镜蛇"武装直升机、RAH-66"科曼奇"直升机等。

寻根问底

你听说过意大利的A-129武装直升机吗?

  A-129武装直升机是意大利陆军航空兵的主战直升机,绰号"猫鼬"。这是欧洲自主设计的第一种武装直升机,也是第一种经历过实战考验的欧洲国家的武装直升机。近年,阿古斯塔公司对A-129实施升级改型,使其在国际军用直升机市场上备受瞩目。

▲ AH-64"阿帕奇"武装直升机

★ AH-64"阿帕奇" ≫

  波音AH-64"阿帕奇"武装直升机是现美国陆军主力武装直升机,发展自美国陆军20世纪20年代初的先进武装直升机计划,以作为AH-1"眼镜蛇"攻击直升机后继机种。该机以其卓越的性能、优异的实战表现,自诞生之日起,一直是世界上武装直升机综合排行榜第一名。目前,该机已被世界上13个国家和地区使用,包括日本、中国台湾和以色列等。

▲ AH-1"眼镜蛇"

★★★ AH-1"眼镜蛇" 》》》

AH-1"眼镜蛇"直升机,是由贝尔直升机公司于20世纪60年代中期为美陆军研制的专用反坦克武装直升机,也是当时世界上第一种反坦克直升机。经数十年发展,AH-1已经发展出多个主要型别,AH-1G是其第一个生产型号。由于AH-1"眼镜蛇"的飞行与作战性能好、火力强,被许多国家采用,几经改型并经久不衰。目前,该机主要装备美地面部队师一级的空中骑兵中队。

★★★ 米-24"雌鹿" 》》》

米-24"雌鹿"武装运输直升机,是苏联米里直升机设计局研制的世界第一代武装加运输的多用途中型直升机。该机于20世纪60年代末开始研制,1972年底完成试飞并投入批生产,1973年正式开始装备部队使用。米-24共有7种不同机型,生产量超过2 500架,使用国家超过20个,其战斗经验丰富,在20多年里经历了20多场战争。

▶ 米-24"雌鹿"武装运输直升机

▲ RAH-66"科曼奇"武装直升机

★★★ RAH-66"科曼奇" 》》》

RAH-66"科曼奇"是波音公司为美军研制的一种性能优异的武装直升机。自从1983年立项并开始前期研究以来,曾为此项目做出了高达390亿美元的预算。该机最大的特点是有非常强的隐身能力,它的隐身招数集中了当今隐身技术的精华,被称为"隐身杀手"。而且无论是天昏地暗之处,还是风沙雨雾之时,"夜视导航系统"都能帮助飞行员寻找潜在目标。

★ 国防科技知识大百科

预 警 机

预警机又称空中指挥预警飞机，一般都装有远程警戒雷达用于搜索、监视空中或海上目标，指挥并可引导己方飞机执行作战任务。现代预警机实际上是空中雷达站兼指挥中心，所以它又被称为"空中警戒与控制系统"飞机。预警机可以大大提高己方战斗机效能，它在现代战争中具有极其重要的作用。

★ 背上的"大蘑菇" ▶▶

大多数预警机有一个显著的特征，就是机背上背有一个大"蘑菇"，那是预警雷达的天线罩，如美国的 E-3A "望楼"。天线罩主要用来克服雷达在进行目标搜索时，受地球曲度限制带来的低高度距离困难。同时它可减轻地形的干扰，用于搜索、监视空中或海上目标，指挥并可引导己方飞机执行作战任务。

▼ E-2 "鹰眼" 预警机

★ 应运而生 ▶▶

在高技术军事装备迅猛发展的今天，由于战机飞行速度的提高，作战的区域早已从地面扩展到海上和空中方圆数百千米的范围内。因此能够提前发现敌人，对作战双方都是至关重要的。于是，号称"空中指挥部""千里眼""顺风耳"的预警机便应运而生。我们经常见到的空中预警机是以客机或者运输机改装而来，由于这类飞机的内部可使用空间大，能够安装大量电子与维持运作的电力与冷却设备，同时也有空间容纳数位雷达操作人员。

你知道当今世界最先进的预警机吗?

E-3"望楼"预警机是当今世界最先进的空中预警机,能在各种地形上空执行预警任务。E-3的雷达监视范围达50万平方千米,比美国第二大州加利福尼亚州总面积还要大很多。其雷达每10秒钟就能把它监视的范围扫描一遍,可同时发现、跟踪600个目标。

预警机家族

现在,世界上拥有预警机的主要国家和机型有:美国装备了E-2A、E-2B、E-2C、2000型"鹰眼"预警机、E-8"联合星"远距离雷达监视机;俄罗斯装备了A-50"中坚"预警机、图-126预警机;英国装备了"猎迷"-MK3预警机;日本装备了E-767预警机和E-2C"鹰眼"预警机;以色列装备了先进的"费尔康"预警机等。

E-1B"跟踪者"预警机

20世纪50年代,美国人将新型雷达安装在C-1A小型运输机上,改装成XTF-1W早期预警机,后又经几次改进,最终正式定名为E-1B"跟踪者"式舰载预警机。E-1B是世界上第一种实用的预警机,它初步具备了探测、进行海上和空中目标识别、引导己方飞机攻击敌方目标的能力,但其雷达探测和引导作战机群能力有限。

▲ E-1B"跟踪者"预警机

不尽完美

虽然预警机监视范围大、指挥自动化程度高、抗干扰能力强,通常远离战线、纵深部署、工作效率高等。但它也存在着许多弱点,如机动幅度小、巡航速度慢、自卫能力弱、电子防护能力弱、工作功率较大、技术复杂、作战操纵不便等。

★ 国防科技知识大百科

超视距空战

近年来,随着航空技术的发展,战斗机不断更新换代,其战术、技术性能有了很大的变化,同时随着机载火控雷达技术、机载光电探测技术尤其是中远程空空导弹的进一步发展,出现了另一种空战模式,即超视距空战。顾名思义,超视距空战是指超出视线所及范围的距离进行的空中作战。一般来说,超视距作战对作战平台及武器的要求比较高。

★ 近距空战 ▶▶

在 1991 年海湾战争以前,空战模式主要为视距内的近距空战,战斗机的主要武器为火炮、火箭弹及部分空空导弹。火炮、火箭弹的有效射程本来就有限,而瞄准具性能不佳又使其射程进一步受到限制。空空导弹的装备使用,虽然在射程方面有所提高,但受导弹技术及制导方式、机载火控系统性能的限制,作战方式仍然以视距内攻击为主。

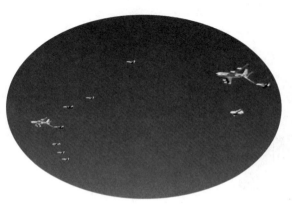

▲ 空战

▲ AIM-7C"麻雀"战斗机

★ 早期实践 ▶▶

早在 20 世纪 60 年代,超视距空战在越南战争中就实践过。当时,美国战斗机挂装了 AIM-7C "麻雀"雷达制导中程空对空导弹,在目视范围外大约 20 千米的距离击落了极少量的敌机,战果平平。造成"麻雀"导弹战果不佳的原因除了导弹的性能不好外,机载雷达的探测距离近也是一个主要因素。

见微知著 目视距离极限

目视距离极限一般在 10~12 千米之内,这是近距空战的上限,而超视距空战的距离一般在 12~100 千米范围内甚至在 100 千米以上。12~100 千米范围内的空战被称为中距空战;100 千米以上的空战被称为远距空战。

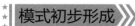

模式初步形成

随着导弹技术、机载雷达探测技术的进步，到20世纪70年代末，空对空导弹的速度、射程、机动过载等主要战术指标得到了进一步提高，同时，机载

发射 AIM-7F"麻雀"导弹

雷达发现目标的距离也达到100千米，这为超视距空战提供了有利条件，并在此后的几次局部战争中取得了很好的效果。在1982年的中东战争中，以色列战斗机采用超视距战法，用AIM-7F"麻雀"导弹击落阿方10多架飞机，占击落对方飞机总数的20%，初步形成了超视距空战模式。

趋于成熟

超视距空战模式在20世纪90年代初的海湾战争中达到了顶峰，彻底改变了以往以视距内空战为主的情况。这次空战共击落敌机达26架，占击落敌机总数的69%，取得了前所未有的战绩。从战后美国国防部公布的有关超视距空战资料可以看出，超视距空战模式已趋于成熟。可以预见，在未来的空战中，超视距空战将会愈来愈重要。

超视距空战武器

航空应用和未来

　　今天，人类已经离不开飞机，它已经渗透到我们生活的方方面面。从跨洲旅行乘坐飞机出行到缓解旱情的人工降雨；从日益繁忙的空中运输到紧急出动救灾抢险的空中救援；从国家首脑的专用飞机到电影荧幕中的重要成员……各类飞机各有特色，它们在各自的领域中发挥着巨大效用，展示出独特的魅力。时代在发展，科技在进步，未来航空业将以一种令人惊讶的势头快速发展，而我们享受并希望这样的发展能够继续。

空中交通

在人类现有的交通方式中,空中交通是最快的也最便捷的。对于同样的距离,如果火车需要 10 个小时才能到达,那么飞机只需 1 个小时,这使交通时间缩短了很多,也加快了人类生活的步伐。如同车辆在地面行驶必须遵守交通规则一样,飞机在天上飞行也要遵守交通规则,也要受到专门机构的指挥与调度,以保证飞行安全、有序。

★★ 谁来指挥 》》

飞机从起飞到降落,由谁来指挥呢? 一般来说,飞机是受机场空域管制中心、沿途航路管制中心和终点机场空域管制中心的指挥与调度的,严格按预定时间、航线、高度、速度飞行。为了维持飞行秩序,保证飞行安全,空中交通管制部门要划定航线,以防止各类飞机在空中相撞或与地面障碍物如山头、高楼等相撞的事故的发生。

见微知著 《国际民航公约》

《国际民航公约》(简称《公约》)也称《芝加哥公约》,指的是有关国际民用航空在政治、经济、技术等方面问题的国际公约,于 1944 年签署。《公约》规定,一国的军用飞机只有在公海上飞行的自由,在事先未经过专门授权或允许的情况下,不能飞越另一个国家的领空。

★★ 繁忙的空中交通 》》

人类的交通发展史经历了漫长的时期。从马车到蒸汽机车大约经历了 3 000 年,从蒸汽机车到内燃机经历了百余年,而从飞机诞生到建立起初步的空中交通网络,只用了大约 20 年。时至今日,空中交通负担了相当一部分的运输任务,尤其是洲际交通,大多以空中运输为主,因此空中交通也非常繁忙。

▶ 飞机塔台

★★ 空中交通管制 ▶▶

空中交通管制有程序管制和雷达管制两种主要方法。程序管制不需相应监视设备的支持，空中交通管制员通过飞行员的位置报告，了解飞机之间的位置关系，判断空中交通状况及发展趋势，从而对飞机飞行做出正确的指挥。雷达管制是一种更为先进的管制方法，交通管制员会根据雷达所反馈的信息，及时、准确地掌握飞机的位置及飞行状态，从而进行调度。

▲ 空中交通管制办公设施

★★ 航行高度的规定 ▶▶

一般来说，飞机机型不同，其规定的飞行高度也不同。3 000 米以下，一般是小型飞机的活动范围；3 000 米以上则是大、中型飞机的活动范围。所谓的"超低空飞行"是指距离地面或水面 5~100 米，"低空飞行"是指距离地面或水面 100~1 000 米，以此类推，"中空飞行"指 1 000~7 000 米，"高空飞行"指 7 000~12 000 米，"平流层飞行"指 12 000 米以上。

▶ 要防范鸟类
对飞行的干扰

★★ 防范鸟击 ▶▶

防范鸟击对航空安全起着非常重要的作用，其主要思路是减少鸟类活动与飞行器起降的重叠。在新机场的选址、设计、施工及环境管理中都必须考虑防鸟撞问题，尽量避开鸟类迁徙路线，经常控制鸟类得到水和食物的机会，破坏鸟类筑巢条件，采用较少吸引鸟类的灯光，并用雷达侦察鸟群，准备好各种驱鸟设备，预防潜在的鸟撞危险。

空中运输

飞机不仅广泛应用于军事领域和科学研究,还应用于民用运输。今天,航空运输业得到了空前发展,许多为工业发展所需的种种原料有了新的运输途径。特别是超声速飞机出现以后,空中运输更加兴旺。那些不能长期保存的食品和不适宜长时间运输的牲畜,也可以通过飞机运往世界各地,大大方便了人们的生活。

早期的航空运输

航空运输始于1871年。当时普法战争中的法国人利用气球把政府官员和物资、邮件等运出被普军围困的巴黎。1911年,有人尝试用飞机来开展运输和邮递服务。一战后,剩余军用飞机很多,又有大批飞行员退役,这为空中运输提供了可能。在一战中战败的德国率先采用飞机作为民用航空运输手段,以保存技术力量,继续发展航空事业。此后,随着飞机各项性能的提高,运输能力也日益增强,民用航空运输得到了快速发展。

▲ DC-2 客机

重要指标

速度和安全是空中运输的两项重要指标。飞机的速度是所有民用交通工具中最快的,它的安全性也有极好的保证,这使得航空运输成为一些客户的首选。像波音公司早期的247客机,道格拉斯公司的DC-2客机,都是公认的十分理想的旅客和货物运输两用飞机。

DC-3 型客机

DC-3 型客机由美国道格拉斯飞机公司制造,自 1935 年 12 月首次飞行以来,在天空翱翔了 40 余年,至今仍然在飞行,被认为是航空史上最具代表性的运输机之一。因其在二战中的卓越表现,DC-3 共生产了 1.3 万余架,这在民航史上是空前的。它装有两台 880 千瓦的星型气冷活塞发动机,巡航速度 290 千米/时,航程 2 415 千米。

▲ DC-3 型客机

民用运输机中的"巨无霸"

安-225 运输机是苏联安东诺夫设计局研制的超大型军用运输机,现属乌克兰所有。该机起飞重量 640 吨,是至 2015 年为止全世界载重量最大的运输机。它装有 6 个发动机,载重量很大。安-225 型本来设计用于运输航天飞机,后来转为民用货物运输,是民用运输机中的"巨无霸"。

▼ 双引擎客机

安-225 运输机

载客量不断增加

据统计,20 世纪 30 年代初,全世界客机载客总量发展到 340 万人,其中以美国的发展尤为迅速。随着航空事业的迅速发展,乘坐飞机的人越来越多,每年有超过 25 亿人次的乘客和大约 5 000 万吨的货物飞行于世界各地。因此,飞机对我们的生活越来越重要。

寻根问底

什么是航空邮票?

航空邮票也称"空运邮票",是专为邮寄航空信件而发行的邮票。世界各国发行航空邮票,大多数采用飞机作图案,也有以飞雁、火箭、自由女神头像等为图案,有些邮票上印有"航空邮票"字样。1917 年,意大利发行了世界上最早的航空邮票。

空中测绘

空中测绘是一种遥距感应的测量方法。测量者本身并没有亲身接触过所测量的事物,只是利用探测工具从空中量度或感应地面上被测量物的特质和位置。随着遥感成像技术和计算机技术的高速发展,航空测绘技术也经历着从回收型向传输型、从模拟向数字化的转变。一般常用的空中测绘工具有摄影相机、测光扫描仪、热感探测器、雷达系统等。

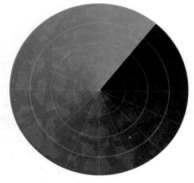

▲ 雷达探测方位

★★ 目的、范围与仪器 ▶▶

空中测绘的主要目的是得到立体空间中各种物体的形状、位置和特性。应用范围包括学术研究、地理信息系统、各种工程的设计与规划、灾害分析及军事目的等。空中测绘需要复杂的工具和一些高科技的仪器。在地理信息的获取上,主要是在全数字摄影测量、卫星遥感影像测量和GPS测量数据中获取;在保障形式和保障手段上,已实现了全自动化、网络化;在保障区域上,已形成了全球保障体系。

★★ 航空图 ▶▶

航空图是伴随着飞机的出现而产生的,始于欧洲的莫迪贝驾驶气球的飞行记录,就是他最早建议在地形图上来记录和表示航空资料。1903 年,从莱特兄弟制造第一架飞机开始,在普通地图上加印航空资料的“代用航空图”应运而生,经过多年飞行试验,人们认识到用地形图代替航空图已不能满足领航要求。

★ 未来空战中的角色 ▷▷▷

　　空中现代测绘保障是空军各级指挥机构、作战部队、飞行演练、空中防御的空战场信息平台，是信息化条件下空军作战保障的重要组成部分。依托空中测绘，才能把整个空战场的信息真实可靠地展现出来，把敌方的火控阵地、雷达阵地、防御阵地提供给飞行人员，供指挥员分析战场形势、研究地理信息、进行战略部署，把握战争进程，从而实施正确的航线躲避，减少伤亡，提高生存率。否则就会导致机毁人亡，贻误战机。

▲ 早期的空战

▲ 英国伦敦卫星地图

★ 我国的航测技术 ▷▷▷

　　1965 年，我国空军成立了专门的测绘机构，1966 年 5 月 6 日，新中国第一幅 1∶100 万航空图问世。20 世纪 70—80 年代，随着我国机种、机型的不断更新，逐步建立起了我国系列比例尺和专用比例尺航空图图种体系。20 世纪 90 年代以来，数字地图逐步取代了传统地图，系列比例尺航空图及大量专项的地图数据库全面建立。

★ 聚焦历史

　　1914 年，一战开始，飞机批量投入战争，不少国家因为没有专门的航空图，导致飞行事故大量发生，由于偏离航线，飞机与飞机、与地物相撞或误炸自毁事故屡屡发生。很多国家建立航空图研制机构，编制各种航空图。

航空气象

天气变化会对飞机飞行产生影响，为了保证飞行安全、顺利完成飞行任务，早在 20 世纪初，航空活动兴起之后，人们就开始利用航空技术研究气象。1903 年 12 月 17 日，美国莱特兄弟在做人类首次飞行时，就曾对航空气象进行过观测。他们的研究很简单，主要就是用叶轮式风速表观测地面风速，然后再进行试飞。

★★ 一门学科 》》

如今，航空气象已经成为一门学科，它是研究气象条件同飞行活动和航空技术之间的关系，航空气象服务的方式和方法，以及航天飞行器在地球大气层中飞行时的气象等问题。在实际工作中，航空气象的主要任务是保障飞行安全，提高航行效率，在不同的气象条件下，有效地运用航空技术。

★★ 早期的研究 》》

早期的航空气象研究主要着眼于地面风和对流层下部的气流对飞行的影响。当时的航线天气预报只包括雷暴、总云量、地面风、高空风和能见度。20 世纪 20 年代末，出现了无线电探空仪，人们开始能获取空中的温度和气压的资料，这对航空气象学的研究和发展有重要的促进作用。

◀ 天气气象标志

★★ 飞速发展 》》

20 世纪 30 年代，许多气象探空站和探空火箭站建立起来。高速飞机的出现和远程乃至全球飞行（经空中加油）的成功，提出获取全球范围气象情报的要求。航空气象开始采用先进技术，建立地面气象雷达站，并通过气象卫星开展全球数值天气预报业务。20 世纪 60 年代以来，航空运输量急剧增加，航空气象研究又进一步向自动化和系统化方向发展。随着气象仪器的更加完善，激光技术、气象卫星和电子计算机的使用，航空气象学的发展进入了一个新阶段。

▲ 气象卫星

★★★ 航空气象技术装备 ▷▷

　　航空气象技术装备主要包括航空气象探测设备、气象情报传递和终端设备、各类计算机以及一些特殊装备。气象卫星和气象雷达是现代重要的航空气象设备。气象卫星能提供可见光云图、红外云图、空中风场等，通过对卫星资料的分析，可获得准确的预报数据，从而减少意外事故；气象雷达包括测风、测云、测雨等多种类型，其中测雨雷达是掌握对飞行安全威胁严重的强对流天气的有效工具。

寻根问底
什么是气象飞机？
　　气象飞机就是专为探测气象要素、天气现象、大气过程和人工影响天气而设计装备的专用飞机。以飞机作为观测平台对大气进行探测，可为日常天气预报和特殊的气象实验计划提供一些特殊的气象资料。

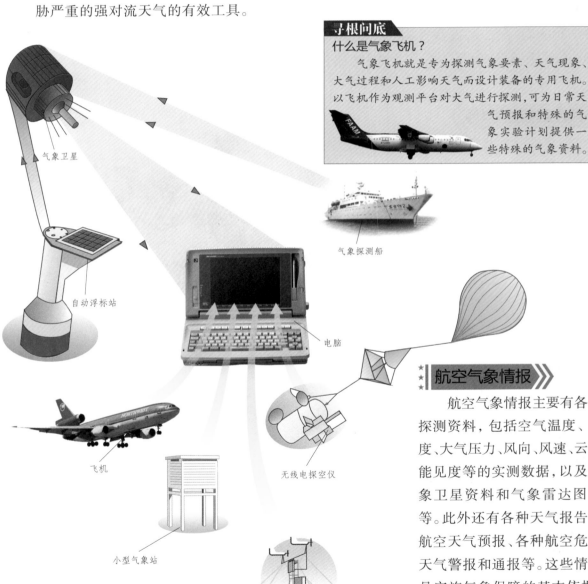

气象卫星

自动浮标站

气象探测船

电脑

飞机

小型气象站

自动气象站

无线电探空仪

▲ 航空气象探测

★★★ 航空气象情报 ▷▷

　　航空气象情报主要有各种探测资料，包括空气温度、湿度、大气压力、风向、风速、云和能见度等的实测数据，以及气象卫星资料和气象雷达图片等。此外还有各种天气报告和航空天气预报、各种航空危险天气警报和通报等。这些情报是实施气象保障的基本依据，其中航空天气预报是直接提供给空勤人员和航空管制部门的重要气象情报。

★ 国防科技知识大百科

航空摄影

　　航空摄影又称航拍，是指在飞机或其他航空飞行器上利用航空摄影机摄取地面景物的技术。自莱特兄弟拍摄了第一张航空照片之后，随着飞机和飞行技术，以及摄影机和感光材料等的飞速发展，航空摄影相片的质量有了很大提高，用途日益广泛。它不仅大量用于地图测绘方面，也在国民经济建设、军事和科学研究等许多领域中得到广泛应用。

首位航拍摄影师

　　航空摄影始于 1858 年。这一年，法国著名摄影师纳达尔在巴黎上空的气球上进行拍摄尝试。当时的摄影工具还是老式的湿版照相机，过程很复杂，必须在吊篮的暗室里，从涂制感光板到拍摄、冲洗等。这一系列过程，必须在 20 分钟内全部完成才行。纳达尔凭借大胆的创新精神和毅力终于完成了这一创举，成为历史上第一个实现航拍的摄影师。

▲ 纳达尔在巴黎上空的气球上进行拍摄尝试

▲ 航空摄影

发展历程

　　在航空摄影的历史上，纳达尔进行了第一次空中摄影的伟大创举，把人们的理想变成了现实。当时，从气球上用摄影机拍摄的城市照片，虽然只有观赏价值，却开创了从空中观察地球的历史。1909 年，美国莱特兄弟第一次从飞机上对地面拍摄相片。在一战中，航拍成为一种侦察手段。此后，随着飞机和飞行技术的进步与提高，航空摄影技术得到了迅速发展。

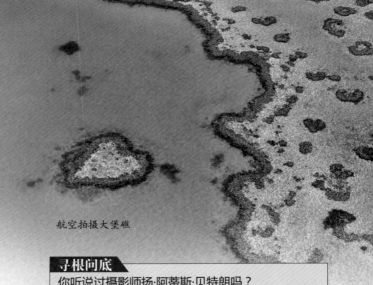
航空拍摄大堡礁

★★★ 航空摄影的分类 ▶▶

    航空摄影按摄影的实施方式，可分为单片摄影、航线摄影和面积摄影。为拍摄单独固定目标而进行的摄影称为单片摄影，一般只摄取一张相片。航线摄影指沿一条航线，对地面狭长地区或沿线地物（铁路、公路等）进行的连续摄影。而面积摄影是指沿数条航线对较大区域进行的连续摄影。

寻根问底

你听说过摄影师扬·阿蒂斯·贝特朗吗？

    法国人扬·阿蒂斯·贝特朗是一位经验丰富的直升机驾驶员，更是一位著名的高空摄影师。他常常在驾机飞行时捕捉优美的画面。作为摄影师，在空中俯视地球，他以一种全新的视角，把地球之美展现给我们，扬·阿蒂斯·贝特朗因此享誉全球。

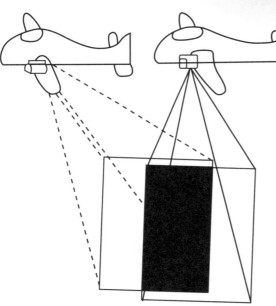
▲ 影像形成示意图

★★★ 影像形成 ▶▶

    航空摄影机在空中对地面摄影成像，其成像过程与一般摄影（照相）是一样的，即通过快门瞬间曝光将镜头收集到的地物反射光线（可见光）直接在感光胶片上感光，形成负像潜影，然后经显影、定影技术处理，得到相片底片；再经底片接触晒印以及显影、定影处理，获得与地面地物亮度一致的（正像）相片，即航空相片。

★★★ 航空照相机 ▶▶

    航空照相机是安装在航空器上从空中摄取地面目标的光学仪器。一战初期，英国皇家空军为了获得德国占领区的军事情报，积极发展航空摄影。1915年，英国根据用途，把现代航空相机分为侦察相机和测绘相机两种。现代航空相机朝长焦距、大视场、高分辨率和高度自动化的方向发展。

▲ 航空照相机

★国防科技知识大百科

空中救援

　　空中救援又称空中120，以执行大型突发事件中的救援任务为主，直升机、地面救护车、建立有转运急救绿色通道的医院等在内的无缝式救援链，目的是排除交通、地形等影响，缩短抢救转运时间。空中救援能快速到达水路、陆路难以抵达的作业现场，实施搜索救援、物资运送、空中指挥等工作，是现代急救中的重要方式。

▲ 空中救援

早期的空中救援

　　飞行医生急救最早在1970年诞生于德国。在德国，一共配备了73架急救直升机，在国境内任何地方发现伤患，直升机都能在15分钟内到达。据说，引入飞行急救后，德国的交通事故锐减了1/3。

空中救援的优势

　　由于空中救援及时、受阻碍小，在许多突发事件中，比如大地震、海啸、雪崩、火灾等自然灾害或意外事件的现场，一般都会进行空中救援。在发生自然灾难后，一些地方往往会变得水陆不通，而空中救援队因为不用考虑这些客观原因，会在第一时间里救出被困人员，或者把淡水、食物和药品等急救物资送到被困人员手中。

完善的救援体系

　　经历了半个世纪的发展，一些发达国家都已经建立起了各具特色的国家或地区空中救援体系与机构，形成了完善的救援体系。空中救援队一般都配备最先进的警用直升机、红外热成像仪等设备，全天候处置突发性暴力犯罪、恐怖活动、追缉重大逃犯，从事空中警戒、抢险救灾和公务飞行等。

▲ 现代空中救援

日本急救直升机

日本的 50 个都道府县中就有 17 个配备了 21 架急救直升机。急救直升机不仅仅搭载医疗器械，可以迅速运送伤患，最主要的是搭载了专业急救医生和护士前往事发地，可以迅速展开早期治疗，使伤患的生存率得到极大的提高。

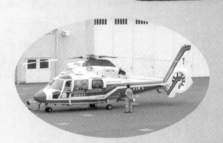

▲ 日本急救直升机

瑞士空中救援

瑞士空中救援成立于 1952 年，由内科医生鲁道夫·布赫尔创建。该组织提供紧急医疗服务，主要以高山救援而出名。该组织参与任何威胁到生命安全的紧急场合，也参与其他国家的紧急医疗救助。目前，该组织的空中救援基地遍布瑞士各地，一共有 13 架直升机和 3 架喷气式飞机，所有直升机都配备有医护人员。如果在瑞士国内的任何地方遇险，空中救援可以在15 分钟内到达。值得一提的是，该组织是一个非盈利性组织，其经费全部来自于捐赠和赞助。

见微知著　　　贝尔—412

贝尔—412 是一类专门用于救援的直升机，由美国贝尔直升机公司研制。全球有 384 架贝尔—412 直升机在 28 个国家的军方和准军事单位执行任务。英国国防直升机飞行学校拥有 12 架，加拿大部队拥有 100 架，另外约 316 架在全球的商业和公共事业单位执行任务。

直升机空中救援

救援直升机

在紧急救援任务中,直升机是所有航空器中最适合的一种。因为它体型狭小,可以垂直起降,可以向后倒飞,可以悬停,不需要固定跑道等。随着卫星定位技术的发展,直升机的搜索范围大大减小,效率也得以大幅度提高。世界上有许多著名的救援直升机,它们在挽救遇险者生命的过程中留下了不可磨灭的功绩。

最有效的救援手段

直升机救援是把直升机应用于应急救援,能更快速到达水、陆路不可通达的作业现场,实施搜索救援、物资运送、空中指挥等工作,是世界上许多国家普遍采用的最有效的应急救援手段。直升机是航空应急救援的核心装备,能够垂直起飞降落、不用大面积机场,能批量运载物资和伤员。

寻根问底

你听说过米-171直升机吗?

米-171是俄罗斯米里设计局设计、俄罗斯乌兰航空生产联合公司生产的新型直升机。米-171直升机可在交通极为不便的地区及高原地区使用,能在极坏的气候条件下、地面能见度低或高纬度地区安全飞行和着陆,主要用来执行货运、客运和救援任务。

△ 直升机救援

救援受到限制

直升机在应急救援中具有种种优势,但它在飞行速度、航程、续航时间、使用地域上依然会受到一定限制。在战区救生中,搜救直升机还要有预警机的指挥、轰炸机的对敌压制、歼击机的护航、武装直升机的伴随掩护等。另外,直升机的着陆点也有讲究,比如,在山顶或峡谷起降时,起飞方向至少要比周围地形高300米,到障碍物的距离不得小于500米等。

▲ EC-225 直升机

★★ EC-225 直升机 ≫

　　欧洲直升机公司的 EC-225 直升机是 11 吨"美洲豹"直升机家族中新开发的型号。作为海上运输工具的它能乘载 24 名旅客和 1 名机组成员，主要功能是执行搜索和救助任务。EC-225 直升机装备的主旋翼改善了升力性能和可靠性，主旋翼先进的翼型使机身的振动值更低。EC-225 机型是欧洲目前最大，也是全世界最先进的商用直升机机型。

★★ S-76 救援直升机 ≫

　　S-76 是美国西科斯基公司研发的全天候民用运输直升机。改型后的 S-76 通用型主要用于搜索、救援、后勤支援和伤员后撤。在执行医疗伤员后撤时，座舱内可放置 3 副担架和供 2 名医护人员用的长椅，最大巡航时速达 269 千米。

▲ S-76 救援直升机

★★ "黑鹰"直升机 ≫

　　"黑鹰"直升机是一种可执行多种任务的战术运输直升机。它是空中突击、航空救援部队使用的一种主要直升机。改进型"黑鹰"直升机还可以执行指挥与控制、电子战以及特种作战任务。"黑鹰"直升机的关键部件和系统有装甲保护，而且其机身遭受碰撞时会被逐步压碎，以保护机组人员和乘客的安全。

"黑鹰"直升机

★ 国防科技知识大百科

空中灭火

空中灭火是扑救森林火灾的有效方法。最大程度发挥空中优势,有效开展航空护林空中灭火工作,是护林防火工作现代化的标志。专业灭火飞机可以立刻抵达陆地上不易到达的着火点,迅速灭火,并能减少人员伤亡。因此当对付山火时,灭火飞机是最佳选择,消防员可以按照指令,扑灭正在燃烧的熊熊大火,将损失减少到最低。

★★★ 机降灭火

机降灭火是利用直升机将专业队员和地面扑火人员,运到火场进行空中布点,包围火场,并在扑打灭火过程中不间断地调整兵力,快速扑灭森林火灾的方法。机降灭火行动快,灵活机动,高空观察直观全面,可以减少扑火队员体力消耗,增强战斗力。直升机可以用最快的速度,最短的时间内将扑火队员送到火场救援,保证扑火队员有旺盛精力投入实战能力,快速灭火。

▲ 空中灭火

寻根问底

谁是世界最大的直升机?

米-26"光环"是世界最大的直升机,在1981年的巴黎航空展上首次展出,20世纪70年代初期开始研制,1983年投入运营,1986年开始出口。米-26直升机一共交付了超过300架。我国曾向俄罗斯租用了一架米-26,主要用于林业防火。

★★★ 索降灭火

有些地方如地形复杂、山高林密,飞机难以着陆,这就需要采取索降方式将扑火队员降到地面。索降一方面可以直接扑灭初发火;另一方面可以开辟直升机着陆场,为机降灭火创造条件。索降灭火适用于扑救发生在偏远林区、地面交通不畅区域的林火,能迅速将扑火队员运抵火场,及时扑灭初发火,为扑火工作争取时间,降低损失。

吊桶灭火

吊桶灭火就是利用直升机外挂吊桶载水直接喷洒在火头、火线上，进而扑灭森林火灾的一种空中直接灭火手段。这种灭火方式在水源比较丰富的地区开展，可以节约大量的人力、物力、财力消耗。通过吊桶洒水，小面积火场可以直接被扑灭，大面积火场可以快速降低火强度，减轻地面扑火人员与林火直接对抗的强度，避免发生人员伤亡事故。

▶ 直升机外挂吊桶灭火

水动力飞机灭火枪

1992 年，一种飞机灭火用以水作动力来源和滑润剂的新型灭火枪，由英国一家公司研发而成。这种灭火枪能在 7 秒钟内穿越飞机一侧，然后转为用高压水喷洒。它能生成由细小的水雾组成的一道"水幕"，可以把有毒气体包裹起来，使其落于地面，从而防止火焰以跳火的形式蔓延。

森林灭火水陆两栖飞机

当今世界上唯一专用森林灭火水陆两用飞机是加拿大空中大型灭火飞机。目前，世界上约有 70 余架，在地中海地区及南、北美洲被广泛使用。飞机上的主要机构有灭火水箱，吸水和操纵部分，灭火速度快、威力大。

森林灭火水陆两栖飞机

空中医院

空中医院就是可以在空中进行医疗救治的专用飞机,这类飞机上配备有专门的医疗设备和医护人员。目前,空中医院已经成为一种很实用的灾区救援方式,很多国家都在组建自己的空中医院。许多欧美发达国家都建立了各具特色的国家航空医疗应急救援体系。

空中医院

医疗设施

空中医院的主要任务

在灾难发生后,空中医院可以对灾区实施紧急救援。通常,当救援中心接到紧急医疗救援的电话后,空中医院就会紧急出动,提供转运服务,在运送途中对需要急救的病人实施抢救或简单治疗,然后把病人安排到最近的医院接受具体和系统治疗。空中医院不但能缩短搜寻、抢救、疏散和提供医疗救助的时间,而且能直接在空中进行医疗救援,从而显著提高大型空难中旅客生还的概率。

国际 SOS 空中医院

国际 SOS 救援中心是全球最大的医疗救援及健康管理公司。它拥有 10 驾配有全套重症监护设备的"空中医院",提供 24 小时全年无休服务,其中一架部署在北京首都国际机场。空中医院拥有高压氧舱、心血管和呼吸等支持系统,还配备专业的医疗救护小组,小组医生和护士经过专门的紧急医疗护理、航空医疗、飞机和系统设施安全起降以及飞行护理方面的培训。

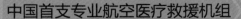
中国首支专业航空医疗救援机组

2014 年 10 月 7 日，中国首支专业航空医疗救援机组成立，首批 50 人参加，分别由 999 急救中心 ICU（重症监护设备）、护理部、医务科、应急办和空中救援办公室的相关医护人员以及管理人员组成。未来会在城市日常医疗救护、人道主义救援、自然灾害、突发事件、公共卫生事件、社会安全事件、赛事活动以及反恐防暴维稳等方面发挥作用。

寻根问底

你听说过 C-17 空中医院吗？

C-17 空中医院是有史以来规模最大的英国皇家空军飞机，可携带多达 36 个担架。飞机上医疗电子服务技术员可随时待命，保障生命支持设备的工作顺利进行，机上有 3 个氧气瓶，并配备最先进的电脑控制的呼吸和心跳监测仪器。

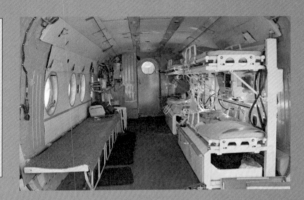

医疗飞机内部

第一所飞机眼科医院

国际奥比斯眼科飞行医院是世界第一所飞机眼科医院，它本身为一架 DC-10 型号的喷气式飞机，经过大量改装后，成为如今这所"长了翅膀"的医院。这间全球唯一的流动教学医院，在飞航人员的驾驶下，接载着对医疗充满热诚的眼科专家，将光明传送至世界各地。值得一提的是，奥比斯自 1982 年成立至今，已为 70 多个国家和地区的 2 万名眼疾患者在专机上进行过手术治疗，使他们重见光明。

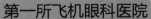

眼科手术

★ 国防科技知识大百科

人工降雨

人工降雨是开发利用空中水资源的一种有效手段。它主要是根据自然界降水形成的原理,通过飞机、大炮、火箭等传统手段对局部大气云层施加催化作用,促使云中更多的水分变成雨滴降落下来,以解除或缓解旱情、增加水库灌溉水量等。由于水资源对国民经济的重要性,人工降雨作为开发水资源的一种潜在手段,受到广泛的重视。

★ 古人求雨 ≫

早在远古时代,人类的祖先就幻想着掌握呼风唤雨的本领。刀耕火种的初民,跪在赤热的阳光下祈求雨水;巫师们为了求雨使尽了花招,有时戴上面具手舞足蹈,咿呀歌唱,有时向神灵祭献牛羊牲畜,甚至祭献活人。美洲的印第安人在篱笆上挂上干瘪的蛇尸求雨,东方人跳龙舞,西方人做祈祷,祈求下雨。

▲ 春秋战国时期景公求雨

★ 什么是人工降雨 ≫

到了现代,人们根据自然界降水形成的原理掌握了科学的人工降雨方法。一般来说,天空要有雨云存在,飞机将固体二氧化碳(即干冰)、碘化银、碘化钠等化学药物撒到云层中。这些干冰、碘化银、碘化钠颗粒就成为水汽的凝结中心,水汽很快在其上面凝结,并逐渐增大水滴,到一定大小时,空气已不能支撑它们,于是就落下来成为雨滴,这就是人工降雨。

◀ 人工降雨

干冰

★ 第一次人工降雨

1946 年的 11 月 13 日，美国通用电气公司的谢弗和兰米尔从高空投下一些干冰，干冰在下降过程中变成了雨，实现了人类第一次人工降雨。经过多次实践，许多国家纷纷实验人工降雨。后来，美国通用电气公司的本加特又进行了改良，用碘化银微粒取代干冰，使人工降雨更加简便易行。

★★ 现代技术 ▶▶

由于自然降水过程和人工催化过程中的很多基本问题仍不很清楚，人工降雨的理论和技术方法还处于探索和试验研究阶段。世界上先后约有 80 个国家和地区开展了这项试验，其中美国、澳大利亚、苏联和我国等国的试验规模较大。如今，人工降雨在我国一些经常发生干旱地区已成为抗旱的重要手段。

★★ 人工降雨的好处 ▶▶

人工降雨能缓解干旱造成的危害，是森林火灾的天敌，能有效地扑灭林火，能使沙漠地带的植被得以滋润，从而缓解由于森林、植被的减少而造成的干旱和沙漠化进程。另外，因为降雨能使空气中的尘埃减少，提高大气透明度，增加空气湿度，冲刷掉空中各种污染造成的酸性物质，所以非常有益于作物生长和人的身心健康。

★聚焦历史★

美国历史上曾经有一个求雨者恰巧有几次"灵验"，结果有一年加利福尼亚州南部发生涝灾，降雨达 51 厘米，大水吞没土地，人畜死伤无数，损失达数百万美元。村民指控这个求雨者施行法术招来大祸，求雨者差点因此罹祸身亡。

▶ 土壤干旱植物无法生存，需要人工降雨

人工止雨

所谓的人工止雨，主要是在影响本地的降水云系的上风方进行一定规模的连续催化作业，设法改变自然云的降水状态或过程，抑制云和降水的发展，延缓、减弱降水过程，在局部区域改变降水的再分布。目前，气象部门人工止雨采用的方法主要有提前降水或抑制降水，只能影响天气，不能控制天气。

止雨原理

人工止雨的原理类似人工降雨，但也有区别。通常，人工止雨有两种方式：一种是在目标区的上风方 60~120 千米的距离，进行人工增雨作业，让雨提前下完；另一种则是在目标区的上风方 30~60 千米的距离，往云层里超量播撒冰核，使冰核含量达到降水标准的 3~5 倍。这样冰核数量多了，每个冰核吸收的水分就能阻碍足够大的雨滴的形成，因而拖延了下雨的时间。

▲ 往云层里播撒冰核

人工止雨使活动庆典可以按时进行

止雨目的

人工止雨主要有两个目的：一个是人工抑制局地暴雨，通过调节降水分布以减少洪涝灾害的发生；另一个就是在特定的时段对较小范围人工调节局地降水分布，消除云雨。这种方式可以使一些降水提前降落，从而保证预定的好天气，使一些大型广场文化和庆典活动能够顺利进行。

止雨设备

　　飞机人工止雨主要针对比较稳定的层状云。层状云分为冷云和暖云。对于冷云,可通过飞机携带碘化银在云中进行催化作业;对于暖云,则使用吸湿性的暖云催化剂。针对容易产生雷电的对流云,则采用火箭人工止雨方式。通常情况下,当云层距离地面特别近时,人们就可以利用大炮、火箭或气球向云层中抛撒化学药品进行止雨。

准备工作

　　人工止雨首先需要对天气状况及其变化趋势进行细致的观测和预测,从而确定该地区是否存在降雨的可能。如果发现有降雨的可能,就需要进一步了解本次天气系统对本地的可能影响趋势,比如何时、何地可能产生降雨这些问题。之后就要针对拟保护地区制订出人工止雨的方案。一旦符合作业条件,则立即启动飞机或地面火箭、高炮等设备进行作业。

向云层中发射化学药品进行止雨

见微知著　　　积雨云

　　积雨云也叫雷暴云,云浓而厚,由积云变来。云体庞大如高耸的山岳,顶部开始冻结,轮廓模糊,底部十分阴暗,会形成降水,包括雷电及冰雹等天气现象,有时也伴有龙卷风,在特殊地区甚至产生强烈的外旋气流使飞机坠毁。

有待研究

　　目前,人工止雨的影响力是比较有限的,只是针对小范围、强度弱的降水天气会起到一些比较好的效果。但是,对于强降水过程、大范围深厚降水云层,就目前的技术和科学水平,还不能人工止雨。特别是人工消云、减雨作业技术尚属气象科学前沿,在世界范围内基本处于科学实验的范畴,仍需作进一步研究。

农用飞机

　　农用飞机就是经过改装或专门设计的用于农业和林业的飞机。比如，当森林或大型农田发生大范围虫灾的时候，常常会给个人和国家带来无可挽回的巨大损失。这个时候可以使用农用飞机进行空中喷雾，来阻止农业灾害的发生。飞机是在高空作业，能够大面积杀死害虫，因而成为阻止灾害蔓延的重要方式之一。

苏联的安－2农用飞机

农用飞机的出现

　　二战以后，剩余的大量轻型飞机被改装为农用飞机。20世纪50年代以后，出现专门设计的农用飞机。其中著名的有苏联的安－2、美国的"农用马车"、澳大利亚的"空中卡车"PL－12。农用飞机使用季节性强，往往兼作他用以提高经济效益，如用来载客或载货，成为一种以农业为主的多用途飞机，我国制造的运－11就属于这种类型。

飞机灭虫的优势

　　农用飞机常常被用于防治农作物病虫害方面。飞机在灭虫时产生的风力，能够使农作物的叶片张开，使农作物上部和下部都能均匀地接触到药剂。另外，直升机螺旋桨产生的向下气流可以使药液更全面地分散到林木上。据有关农业专家测算，采用飞机大面积追肥和除虫，可使农作物的产量提高约10%以上。

▲ 农用飞机

★★ 农用飞机的特点 ▶▶

用于病虫防治的农用飞机作业高度一般为1~10米，每小时飞行100~180千米，喷幅可达20~30米宽。飞机需要在作业区超低空往返飞行，不断爬升、盘旋、下滑、拉平，有时还要飞越周围的障碍物，比如树林、高压电缆等。由于每次载药量有限，且又多在外场作业，飞机还要在简易跑道上频繁起飞和着陆。

★★ 农用飞机的结构 ▶▶

大多数农用飞机只装有一台气冷式活塞发动机或涡轮螺旋桨发动机，功率为110~440千瓦；仪表和无线电设备比较简单，只有一名驾驶员，飞机的总重量在3吨以下。多用途飞机装有一台或两台发动机，但功率不超过735千瓦，仪表和无线电设备比较完善，飞机总重近6吨。农用飞机的最大平飞时速为300千米，有效载重可达飞机总重的35%~40%。

见微知著　　　运－11

运－11是一种轻型双发多用途运输机，由中国哈尔滨飞机制造厂于1974年制造。运－11曾用于飞播小麦、水稻，农业施肥、除草、灭虫，绿化草原等各项作业。在国务院批准下，哈尔滨飞机制造厂组建了运－11飞机农业航空服务队。

★★ AT－402B 农用飞机 ▶▶

AT－402B农用飞机由美国空中拖拉机公司设计制造，是全金属悬臂式轻型农用飞机，最大起飞重量4 159千克，有效载荷2 336千克。与现有的飞机相比，它具有机重轻、载重大、操作灵活、转弯半径小、超低空飞行性能好、使用经济、作业效率高等特点。它主要用于农林播种、施肥、除草、治虫、防病等作业。

水上飞机

水上飞机是指能在水面上起飞、降落和停泊的飞机，主要用于海上巡逻、反潜、救援和体育运动。水上飞机在陆地上很难起飞，而更适合于在水上滑行起飞。依照飞机与水面接触的设计方式，可以分为三类：浮筒水上飞机、飞艇飞机和两栖飞机。两栖飞机就是可以在水上起降，同时也能在陆上机场起降的飞机。

★ 早期水上飞机 ▶▶

水上飞机和陆上飞机是同时发展起来的。第一架从水上起飞的飞机，是由法国著名的早期飞行家和飞机设计师瓦赞兄弟制造的。这是一架箱形风筝式滑翔机。1905年6月6日，这架滑翔机由汽艇在塞纳河上拖引着飞入空中。20世纪30年代，水上飞机的发展十分迅速，远程和洲际飞行几乎为水上飞机所垄断，还开辟了横越大西洋和太平洋的定期客运航班。

★ 第一架浮筒式水上飞机 ▶▶

法国人亨利·法布尔发明制造了世界上第一架能够依靠自身的动力实现水上起飞和降落的水上飞机。法布尔出身于船舶世家，在年轻时对工程学发生兴趣，飞机诞生后，他潜心制造能在海上起降的飞机，并在水上和陆上进行了大量试验。1910年3月的一天，他制造的一架浮筒式水上飞机在马赛附近的海面上试飞成功。

★聚焦历史★

1911年，法布尔的一架水上飞机因驾驶员的错误而坠毁后，他因花费太大而停止了研制自己的水上飞机，转而为他人的飞机设计和制造浮筒。这一年，他为一架瓦赞式双翼机设计了浮筒，使之成为世界上第一架水陆两用飞机。

▲ 亨利·法布尔的水上飞机

★★★ 特点和用途 ▶▶▶

　　水上飞机与陆上飞机相比,其最突出的优点是不需占用大量田地去修建专用机场,节约了有限的土地资源。它可以在水域辽阔的河、湖、江、海水面上使用,安全性好,但不适于高速飞行,机身结构重量大,抗浪性要求高,维修不便,制造成本高。水上飞机在军事上用于侦察、反潜和救援活动,在民用方面可用于运输、森林消防等。

▲ 水上飞机

★★★ 水上飞行原理 ▶▶▶

　　当水上飞机停泊在水上时,宽大的支撑架所获得的浮力,就会使飞机浮在水面上并且不会下沉。但在需要起飞时,螺旋桨发动机产生的拉力,就会拖着它以相当快的速度在水面上滑跑。伴随着速度的不断增加,机翼上获得的升力慢慢克服了飞机的重力,从而把飞机从水面上逐渐拉起来,成为在空中飞行的"航船"。

★★★ 水轰-5 水上反潜轰炸机 ▶▶▶

　　水轰-5是中国自行研发的水上反潜轰炸机,主要用于近海域的侦察、巡逻、反潜,也可用于对水面舰艇监视和攻击,经过改装还可用于灭火。水轰-5为大展弦比高置上单翼,机翼上装有4台WJ-5甲涡桨发动机,机上装有搜潜、反潜设备,机身后段背部有炮塔,可携带鱼雷、炸弹、空对舰导弹等武器。

专用座机

　　国家首脑是国家、联盟、联邦中的最高代表，是国家的象征，他们经常代表国家到国外参加会议，因此配备有专用飞机，称为专用座机。一般来说，专用座机为了将国家首脑安全地送往目的地，其技术比较精密，安全性高，能进行空中加油，电子对抗系统可以干扰地面雷达，迷惑导弹的瞄准系统，使其难以锁定目标的方向。

★★ 美国总统专机 ▷▷▷

　　"空军一号"是美国总统的专机，是名副其实的"空中白宫"，奉行"总统在地上能干什么，在空中也照干"的原则，也被称为"飞行的椭圆形办公室"。机上空间很大，有休息室、办公室、两个厨房、一个手术台、药物柜、通信系统、85部电话和19部电视机等。此外还特别为总统的家人、白宫员工和媒体记者预留了空间。在核战争等紧急状态中，"空军一号"也可以成为一个军事命令中心。

空军一号

俄罗斯的伊尔 IL-96-300 机 ▷▷▷

"伊尔-96"俄罗斯总统专用座机

　　俄罗斯总统普京的专用座机"伊尔-96"虽比美国的"空军一号"逊色，但也颇具豪华气派，被俄罗斯人称为"飞行的宫殿"。这架专机机长 55 米，重 230 吨，可连续飞行 9 500 千米。其价值 2 亿美元，内部的高层会议办公室和休息空间都非常大，采用大量黄金装饰，其豪华程度不亚于酒店。专机出访时，机队一般由 5 架飞机组成。

★★★ 波音777客机 ▶▶

　　英国女王或首相出访通常固定包租英国航空公司 G-YMMO 号波音 777 客机,这是一架 2001 年交付的客机,平时担任商业航班任务,英国女王或首相有出访任务时就停飞临时调整机舱布局,转换为专机使用。飞机上的几十个座位将被拆掉,以便安装会议室、通信设备、床和衣柜,供首相、女王和随行官员使用,旅程结束后再恢复为商业用途。

▲ 波音 777 客机

▼ 日本政府专机——波音 747-400

▲ 空军一号内部

★★★ 日本政府专机 ▶▶

　　日本有两架政府专机,主要用来接送天皇、皇后和首相,首相个人不能随便使用。两架飞机都是从美国进口的波音 747-400,机身长为 70 米,翼展 64.9 米,总续航能力达 1.2 万千米,堪称"空中的巨无霸"。机身为白色,垂直尾翼上印有日本国旗,机首印有"日本国·JAPAN"的字样。机舱内部有贵宾室、秘书室、会议室、办公室、随行人员室以及普通客舱,此外,机上还设有一个医疗室。

寻根问底

美国总统的专用座机如何防备导弹攻击?

　　美国总统的专机有两架,即主机和副机。主机如果发生故障,总统可以随时换乘副机。主机内部设置有一个特殊防卫装置,当遇到导弹袭击时,机体能自动发出一种电磁波,用来吸引攻击,保护总统专机脱险。

军事用途

　　航空技术最大的应用领域是在军事方面。军用航空器不仅种类繁多，担负的作战任务也很多，几乎涉及所有的作战任务，比如侦察、拦截、攻击和运输等。军用飞机的使用，使人类作战的范围不仅仅局限在陆地和海洋上，而是扩展到了更为广阔的天空领域，传统的战略和战术也得到了极大的改变。

寻根问底

你听说过法国的"超军旗"攻击机吗？

　　"超军旗"攻击机是法国于20世纪70年代研发的一种舰载攻击机，于1978年交付法国海军使用，装备在法国的各种航母上。"超军旗"攻击机装备了多种威力强大的武器，包括两门30毫米"德发"机炮、2枚"魔术"空对空导弹、1枚"飞鱼"式反舰导弹等。

军用飞机大家族

　　军用飞机是航空兵的主要技术装备，其类型主要包括歼击机、轰炸机、歼击轰炸机、攻击机、反潜巡逻机、武装直升机、侦察机、预警机、电子对抗飞机、炮兵侦察校射飞机、水上飞机、军用运输机、空中加油机和教练机等。飞机在战场上的大量应用，使战争由平面发展到立体空间，对战略战术和军队组成等产生了重大影响。

空间预备指挥所

　　航空飞机可作为战时空间预备指挥所，它既能像载人空间站那样在轨长期停留，又配备了先进的指挥控制系统，一旦战时需要，可以直接承担起作战指挥控制任务。飞机可以作为空间预备指挥所，当发生大规模战争时，飞机因为在不断移动，因此有更大的存活概率。

航空飞机

空中作战

★★★ 侦察、轰炸和攻击 ★★★

  战时侦察、轰炸和攻击是军用飞机最为广泛的用途。军用飞机可利用其携带的照相侦察、电子侦察等设备对陆、海、空目标进行侦察与监视,对导弹发射等进行预警。与各种侦察卫星相比,具有更大的灵活机动性,综合侦察能力更强,实时性更好。用于轰炸和攻击的军用飞机可以摧毁敌方战役战术纵深内的防御工事、坦克、地面雷达、炮兵阵地和交通枢纽等重要军事目标,并支援地面部队作战。

◀ 教练机内部

★★★ 教练机 ★★★

  教练机是为训练飞行人员,专门研制或改装的飞机,是飞行员忠诚的陪练伙伴。教练机设有前后 2 个座舱或在 1 个座舱里并排设 2 个座椅,有 2 套互相联动的操纵机构和指示仪表,分别供教员和学员使用。通常分为初级、中级和高级训练教练机三种,其中高级教练机用以训练飞行员掌握大型或高速飞机的驾驶技术。

★★★ 运输直升机 ★★★

  运输直升机是指用于武器运送、后勤支援、紧急营救、吊装设备、加油、补充弹药、支援纵深作战、执行远程救援等任务的直升机。按运载量可分为轻型、中型和重型运输直升机。它具有适应能力强,可进行空中加油,具有远程支援能力,有的运输直升机可在水上起降;另外运输能力强,可吊运火炮等大型装备,具有一定的抗毁伤能力。

▲ 运输直升机

★ 国防科技知识大百科

航空安全巡逻

飞机的发明及航空技术的迅猛发展,给人们的生活带来了翻天覆地的变化,甚至连罪犯作案都可以通过空中巡逻的方式被检测到,给警方办案带来了方便。安全巡逻可以使警方更快地跟踪犯罪目标,及时向地面报告罪犯动向,展开搜捕,截获罪犯,大大提高了维护城市安全和处置重大突发事件的能力。

★★ 航空警务新模式 ▶▶

航空警务正成为一种新的警务模式,警用直升机既服务警务工作,又服务城市管理,便民利民。一般的警务直升机上配备了四大关键设备:图传系统、搜索灯、扬声器、电动绞车等装备。警用直升机现已成为加强社会治安管控、实施应急救援和开展城市综合管理的有效工具,目前,许多国家都在加快发展以警用直升机为主要载体的警用航空。

▲ 警用直升机

见微知著 直-9警用型直升机

该型直升机是国产第四代中型直升机,由哈尔滨航空工业集团制造,是国产最先进的直升机,被广泛采用。该机最多可以乘载10人或运输2吨货物,最高升限约5 500米,其加装了一些警用设备,可以利用电动绞车实施空中救援等任务。

★★ 警用直升机 ▶▶

警用直升机被用于现代化的警务飞行工作,可担负空中巡逻、通信支援、对地指挥、追踪罪犯、空运人员物资和观测灾情等空勤任务,加装特殊机载设备,还可空投消防器材灭火,靠导航系统指挥能够执行较远距离的飞行任务。一架警用直升机的监视范围可达4.6万平方米,是警车的20倍,通过街道的速度是警车的7倍,作用相当于30辆警车和100名警察。

★★ 各国使用情况 ▶▶

1947年,美国第一架警务飞机投入使用。目前在国际上特别是发达国家,警务飞机已经很普遍。据统计,全球有4 000多架警用直升机,其中美国约占一半,平均每百万人拥有7架直升机;法国和德国分别有50多架和60多架,日本也拥有百架之多;而我国警用直升机的数量仅有40余架。

美国 R-44Ⅱ 警用直升机

★ 美国 R-44Ⅱ 警用直升机 》

R-44Ⅱ 警用直升机可以乘坐 4 人,其主要任务是执行空中巡逻和抓捕逃犯等。R-44Ⅱ 警用直升机是世界上唯一一款由直升机制造厂生产,不需要改装而完全为警察和执法机关设计、生产的直升机。R-44Ⅱ 警用直升机被公安、武警、边防巡逻、海关缉私、森林消防等准军事单位广泛使用。R-44Ⅱ 警用直升机性能优良,机动性强,维护简单,价格便宜。

★ 备受青睐的 EC-135 》

EC-135 由欧洲直升机公司生产,是一种性能优异的轻型双发多用途直升机,在全世界被广泛采用,尤其是在警察执法使用中备受青睐。1996 年,首架生产型直升机进入德国空中援救公司使用,至今超过 300 架在 27 个国家被采用。最近的订购包括捷克警察航空部门订购 8 架,罗马尼亚内政部(警察和 EMS)订购 5 架,其他国家订购 10 架用于空中执法。

▲ EC-135 多用途直升机

荧幕上的飞机

　　飞机被发明和被广泛应用到各个领域以后，不但成为人们街头巷尾谈论的话题之一，也成为小说或荧屏中的重要成员。尤其是电影荧幕，使人们更加直观认识了众多的不同种类的飞机，如各型客机、战斗机、直升机，领略到了飞机在战争中发挥的巨大效用，还有飞机失事的缺憾以及荧幕上飞机的魅力。

空军一号

空军一号

　　"空军一号"作为美国总统的专属座驾和移动办公室，几乎可以说是刀枪不入。在20世纪90年代的经典动作大片《空军一号》中，一小撮恐怖分子曾登上该机，最后依靠文武全能型的总统才使危机化解。而在2013年的《惊天危机》和《钢铁侠3》中，"空军一号"各被击落一次，比现实中的性能弱了很多。

▲ F-22"猛禽"战斗机

F-22"猛禽"战斗机

　　F-22"猛禽"战斗机是美军现役的主力战斗机，堪称著名军火商洛克希德·马丁公司的最得意之作。作为当今最昂贵的、同时也是综合性能最强大的战斗机种，不仅能超声速巡航、超视距作战，并且对雷达和红外线隐形，在战场上卓越的把控力也体现了它不菲身价的价值。但是，这架战斗机在《变形金刚》中，却被混入反派打了个措手不及。

▲ "鹞式"战斗机

鹞式战斗机

　　"鹞式"是一架可以垂直起降的战斗机,它除了借助跑道的正常起飞外,还可以像直升机一样原地升空,使得其机动性大大增强。《黑暗骑士崛起》中,蝙蝠侠战机的设计就参考了"鹞式"战斗机的垂直起降功能。在阿诺德·施瓦辛格的代表作《真实的谎言》中,对"鹞式"战斗机的作战方式有着全方位的表现。

影片中的未来战斗机

　　《绝密飞行》是美国的一部科幻电影。影片讲述了在不远的未来世界里,美国海军第一架完全人工智能化的战斗机"艾迪"秘密诞生,并由三位优秀的飞行员陪同训练。但由于"艾迪"被强雷击中,他的控制系统受到沉重打击,使他真正拥有了情感和自主性。接下来"艾迪"妄图推动第三次世界大战的爆发,于是三位精英飞行员不得不在峡谷中展开对"艾迪"的追杀。

寻根问底

P-40 战斗机曾出现在哪部影片中?

　　P-40 战斗机曾经是二战期间亚洲战场重要的空中力量,是人们耳熟能详的"美国飞虎队"的主力飞机。P-40 战斗机曾出现在电影《红色机尾》中,将纳粹德国的喷气式战机打得措手不及。

▲ 摄制组拍摄《绝密飞行》

飞机出现频率较多的电影

　　在电影《极度恐慌》中,曾出现大量的各型著名的军用飞机。例如,美国贝尔 206 "喷气突击队员"直升机、C-47 运输机、C-130 "大力神"运输机、UH-1C "休伊"直升机、AH-6 "小鸟"武装直升机、C-123K "供应者"运输机、E-3 "望楼"预警机、AH-6。这部电影应该是电影史上对航空器着墨比较多的一部。

飞行表演

特技飞行表演是展示飞机飞行性能和飞行员高超技能的大舞台，在这里，一架架飞机做出平常很难完成的飞行动作，赢得了观众的掌声。特技飞行表演对提高飞行员的驾驶技术，增强飞行员的耐力，培养飞行员的勇敢精神和充分发挥飞机性能都有重要的作用。如今，飞行表演也更多地成为一种高级别的国家礼仪。

最初起源和发展

飞行表演的出现其实是很偶然的。在实际战争中，有些技术高超的飞行员无意中飞出了特别的动作，而且在生命受到威胁时，还急中生智发明了许多惊险的动作，成为特技飞行的雏形。特技飞行表演是随着飞机性能的改进以及空战与表演的需要而逐步发展起来的，并且逐步成为专门的飞行技术。特技飞行表演队是二战以后才出现的一种特殊的飞行团队。

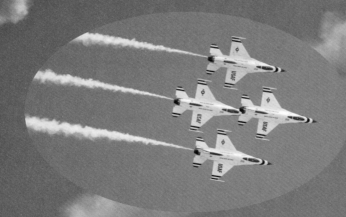

▲ 飞行表演

为什么要飞行表演

飞行表演是一个国家为了增强民众对军队飞行的认识和了解，吸收优秀飞行员；为了通过与外国飞行队的交流观摩、学习、竞争来展示国家实力；还有一些国家是为了展示最新机型的优异性能。大多数国家的飞行表演队都是使用教练机，有些国家也会使用战斗机。

144

★★★ 飞行表演队 ≫≫

法国巡逻兵飞行表演队成立于1931年，是最早成立的飞行特技表演队。而其他国家的飞行表演队都是在二战以后才出现的。中国"八一"飞行表演队，是中国人民解放军唯一的特技飞行表演队，经中央军委批准，于1962年1月25日成立，1987年8月1日正式命名。

△ 飞行表演

著名的特技飞行表演队 ≫≫

目前，世界上比较著名的特技飞行表演队有：俄罗斯空军的"勇士"和"雨燕"、美国空军的"雷鸟"和海军的"蓝天使"、中国空军的"八一"、英国皇家空军的"红箭"、法国空军的"巡逻兵"、日本航空自卫队的"蓝色冲击波"、意大利空军的"三色箭"等。

飞行员的要求

飞行表演中的特技动作被广泛应用并不断创新，常见的特技动作有14种，如大坡度盘旋、半筋斗翻转、水平8字、上下横8字等。这些动作无论怎样的组合，都可以说是在高速瞬间完成。飞行表演主要在低空、超低空进行，具有机群大、队形密、高度低、间隔小、速度快等特点，飞行员要想飞出飞机的极限性能，并且保证飞行安全，尤其需要精湛的技艺和过人的胆识。

空中新闻报道

　　航空技术的日新月异改变了我们的生活。在繁忙的媒体界,飞机也有着特殊的应用。有些新闻事件的报道需要在空中才能完成。比如,在二战中,盟国许多随军记者在飞机上进行拍摄和记录,这样不仅可以及时获取战地消息,也可以让大众在第一时间了解战况,并为后世留下了极其珍贵的历史文献资料。

▲ 新闻事件

★★ 提供新视野 》》

　　在飞机兴起后,这种新的运输方式给媒体报道带来了新的途径。利用飞机进行新闻拍摄,为大众提供了新的观测新闻事件的视野,可以获得更完整的新闻资讯,使新闻报道的角度从平面世界走入了立体空间。这种新颖的新闻报道方式开拓了航空应用的领域,为新闻报道带来了巨大的变化,也给人们带来了一种全新的新闻冲击感受。

★★ 专用飞机 》》

　　因为新闻事件的发生具有偶然性,所以进行空中新闻报道时一般都会使用专用飞机。在进行空中新闻报道之前,需要和驾驶员及空中管制中心做好交流。对于一些突发的新闻事件,也可以借助其他专用飞机进行报道,比如警用直升机。

▲ 新闻报道

★播报时间

　　有时候，政府官员在处置突发事件时，会在专机上举行新闻发布会，这个时候记者就只能在飞机上进行报道了。一般来说，飞机上不允许使用其他通信设备，因此在飞机上采访获得的资讯只能到地面后再发布。尽管如此，这种报道方式还是比地面报道更节省时间，也更及时。

▲ 除了突发事件，飞机上一般很少进行新闻报道

★CA-109型

　　CA-109型双发直升机是当今世界上速度最快和现代化程度最高的轻型双发直升机之一。该机的机身下方设有吊舱系统，可以实现可见光和红外拍摄以及一般的照相机拍摄，还能日夜监控，主要起调查取证的作用。此外，它的续航能力、拍摄能力和机动性能都非常好，而且它还具备海上航拍的功能，可以完成一些海上的大型赛事的转播。

★聚焦历史★

　　2010年10月28日，国航在国内首家推出了中转信息空中播报服务。这样一来，乘客在空中飞行的过程中就可以通过显示屏了解自己的中转航班的相关信息。而在此之前，诸如此类的信息必须等人们到达中转机场之后才能获得。

▲ CA-109型双发直升机

★播报科学新闻

　　航空新闻报道在特殊的科学新闻报道时，也会有特别的应用。在一次日全食中，一家媒体动用飞机，从高空中拍摄月球的影子。当月球的影子划过整个地区的图像播放时，所有的观众都认为这种奇特视角具有更强的震撼力和表现力。

▶ 日全食

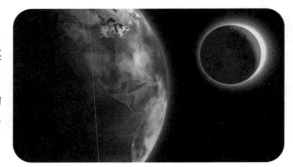

★国防科技知识大百科

飞行训练

从飞机被发明后,人们就意识到训练飞行的重要性。飞行训练就是对飞行人员进行的驾驶飞机和使用机上设备、武器的技术战术训练,是航空兵的一项主要专业训练。它包括飞行员的驾驶飞机训练,空中领航员的领航、轰炸、侦察、空投训练,空中通信、射击、机械、电子等人员的专业训练,以及空勤组成员之间的协同动作的训练。

早期的飞行训练

飞行训练始于美国的莱特兄弟,与此同时,法国陆军军官也开始飞行训练。此后,为了给空军培养合格的飞行员,德、俄、美、英、法、意、日等国也相继成立军事航空学校,开始有组织地进行飞行训练。早期的飞行训练没有专门的教练机,学员先在地面接受教员指导,学会使用飞机的操纵系统,接着驾飞机在机场上来回滑行,等熟练后,再单独驾机离开地面飞行。当时,训练人数有限,也不安全。

大战时期的飞行训练

1916年,英、法、德、意等国都能成百名地训练飞行员。一战末到二战期间,欧洲主要国家和美、日等国陆续建立一系列训练机构,逐步形成各自的飞行训练体系。二战以后,随着航空装备的不断改进和更新,飞行训练的组织日益复杂,物资、技术器材的消耗量剧增。

▶ 飞行员

★聚焦历史★

英国在20世纪70年代率先推出"鹰"式教练机,"鹰"式教练机能不断在航电、发动机和部分机体材料上进行升级,满足不同时代的具体需求,由于成本很低,效率较高,因而直到今天魅力仍不减当年,备受世界许多国家的青睐。

▲ 教练机

★★ 教练机 ▶▶

　　一战初期，出现了专门设计的双座教练机，创造了先由教员带飞，然后由飞行员单独飞行的训练方法，使大规模地训练飞行员成为可能。这种飞机一般为并列式双座轻型螺旋桨飞机，不要求飞机作特技飞行，主要是增加了一个驾驶舱和相应的仪表、操纵系统，用以使学员熟悉现役飞机的驾驶特点。

▲ 飞行员训练设施

★★ 飞行模拟机训练 ▶▶

　　飞行模拟机训练是运输航空公司提高与保持飞行技术的主要手段。模拟机分"飞行训练器"和"飞行模拟机"两大类，"飞行训练器"主要用于机型初始改装的机组程序训练和飞机系统训练，而"飞行模拟机"除用于改装初始训练外，还主要用于飞行员的年度复训和其他提高训练。

★★ 跳伞训练 ▶▶

　　跳伞运动是指跳伞员乘飞机、气球等航空器，利用降落伞减缓下降速度，在指定区域安全着陆的一项体育运动。它以自身的惊险和挑战性，被世人誉为"勇敢者的运动"。跳伞的升空方式也从最早的热气球跳伞发展为飞机跳伞、伞塔跳伞、牵引升空跳伞，当今喜爱冒险运动的人们又发明了从悬崖和摩天大厦跳伞等。

▶ 跳伞训练

航空展览会

　　航空展览会汇聚了大量航空商品信息，比如各种航空设备、军用飞机、民用飞机及其维护，还有空间开发与探测、太空观测、生命科学和新式卫星等，有力推动了市场与经济的发展。航空展览会为航空公司和航空业务运营企业的参展商与采购商提供了交流信息的平台，为航空制造业各领域供应商等创造了机遇，开辟了潜在市场。

巴黎航展

　　巴黎航展、范堡罗航展、新加坡航展并称世界三大航空展。巴黎航展的正式名称为"巴黎－布尔歇国际航空航天展览会"，是世界上规模最大，最负盛名的国际航空航天展览会。巴黎航展的组织者是法国航空航天工业协会，两年举办一次，在单数年的初夏举行，展览会场

设在巴黎东北的布尔歇机场。巴黎航展是历史最悠久的航空航天盛会。在一战和二战期间，巴黎航展被迫中断，但是战争促使航空工业高速发展，战后，航展的举办迅速恢复正常。

▼ 巴黎航展

英国范堡罗航空展

　　英国最早的航展可以追溯到1920年开始的一系列称为航空"庆典"的活动，人们在庆典上进行一些飞行表演。1948年航展移到范堡罗举行，1962年以后航展改为每两年一次。范堡罗航空展即来源于此。英国范堡罗航空展全称是"范堡罗国际航空航天展览会"，是全世界顶级的航空航天盛会，航展的组织者为ADSUK(英国航空航天防务安全商业联合会)，展览会场范堡罗位于汉普郡，每两年一次。

▼ 英国范堡罗航空展

★★ 新加坡航空展 》》》

截至 2000 年，新加坡航空展已经成功举办了 10 届。首届新加坡航空展于 1981 年在新加坡的巴耶利巴举行，举办于 1984 年的第 2 届航展迁至新建的樟宜机场的樟宜展览中心，以后的新加坡航展都安排在每逢双数年的春节前后。经过多年的发展，新加坡航展已经成为继巴黎航展和范堡罗航展之后的世界第三大航展，自 1988 年第四届航展就开始增加了飞行表演节目。

▲ 新加坡航空展的飞行表演

见微知著 亚洲国际航空航天展览会暨论坛

这是世界上最大的专注于商用和民用航空市场的单一主题展览会和论坛，同时也是全球商用及民用航空业在亚洲打造的唯一一个顶级的商务平台。亚洲国际航展早期在新加坡举行，2009 年展会在香港举办。

★★ 中国国际航空航天博览会 》》》

中国国际航空航天博览会是中华人民共和国国务院正式批准的国家级博览会，地址在中国广东省珠海市。首届珠海航展于 1996 年 11 月举行，现已发展成为集贸易性、专业性、观赏性为一体的，代表当今国际航空航天业先进科技主流，展示当今世界航空航天业发展水平的盛会，是世界五大最具国际影响力的航展之一。

▼ 航空展览会

未来航空

　　航空业在国民经济中占有重要的地位，对于推动社会经济、政治文化事业的发展，提高人们的生活水平，将会发挥越来越重要的作用。未来民用飞行器不仅速度会更快，而且会更加安全、舒适，军用航空飞行器则将更加隐蔽、机动性能更好。有人甚至设想未来的飞机会像外星飞碟。随着人类航空事业不断发展，这些设想也许终将实现。

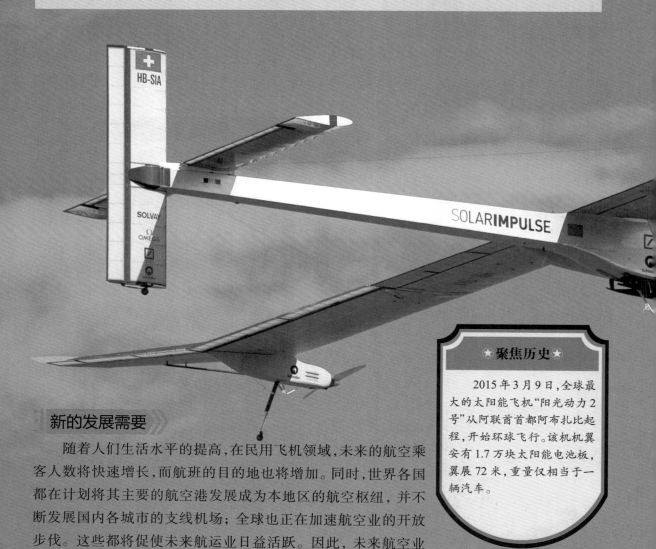

新的发展需要

　　随着人们生活水平的提高，在民用飞机领域，未来的航空乘客人数将快速增长，而航班的目的地也将增加。同时，世界各国都在计划将其主要的航空港发展成为本地区的航空枢纽，并不断发展国内各城市的支线机场；全球也正在加速航空业的开放步伐。这些都将促使未来航运业日益活跃。因此，未来航空业将更广阔，所涉及的领域也会更加宽广，这既对航空业的发展提供了动力，也对航空技术和服务的发展提出了新的要求。

★聚焦历史★

　　2015年3月9日，全球最大的太阳能飞机"阳光动力2号"从阿联酋首都阿布扎比起程，开始环球飞行。该机机翼安有1.7万块太阳能电池板，翼展72米，重量仅相当于一辆汽车。

未来的新型合成材料

未来以合成塑料为飞机制造材料,会使飞机的空中飞行更加可靠,同时降低维护费用。它还能使飞机减轻总重量,减少燃料消耗,同时承载更多的乘客或货物,或者在达到它们最大起飞重量的环境下飞得更远。而一些"绿色"能源,比如燃料电池、太阳能以及人体自身的热量,也可以为未来飞机上的某些系统提供动力。航空工程师将继续利用大自然作为灵感的来源,一些飞机甚至可以像候鸟一样结队飞行,以减少阻力、燃油消耗和排放。

◀ 太阳能飞机

更加舒适、便捷

随着各国飞机技术的不断成熟,未来飞机将更加舒适、便捷。比如,客舱窗口会变得更大,面积会比现有的窗口有所增加,座椅将采用更符合生态学原理、能够自我净化的材料,更加清洁,并可以根据乘客的需求非常容易地改变形态,给人更强的舒适感,而客舱的舱壁可以通过一个按钮就能变得完全透明,让乘客尽情观赏飞机外面的世界。此外,通过全息照相技术来体现的虚拟装饰,可以让乘客将其私有的客舱部分根据自己的需要进行改变。

▲ 客舱窗口

太阳能将作为燃料

太阳能飞机是以太阳辐射作为推进能源的飞机。太阳能飞机的动力装置由太阳能电池组、直流电动机、减速器、螺旋桨和控制装置组成。经典的机型有"太阳神"号、"天空使者"号、"太阳脉动"号等。其实早在20世纪80年代初,美国就已经研制出太阳能飞机。但实际上,太阳能飞机还处于试验研究阶段,它的有效载重和速度都很低。